BASTIAN
Chimiste-Œnologue
Directeur de Station œnologique
et viticole

LE

Sucrage des Vins

CONFORMÉMENT A LA LOI DU 28 JANVIER 1903

NOUVEAU GUIDE

TECHNIQUE ET PRATIQUE DE LA VINIFICATION

ANALYSE DES SUCRES
DES MOUTS, DES MISTELLES, DES VINS
SOINS A DONNER AUX VINS
MALADIES ET TRAITEMENTS

MONTPELLIER
COULET & FILS, Libraires-Éditeurs
GRAND'RUE, 5

PARIS
MASSON & Cie**, Libraires-Éditeurs**
BOULEVARD SAINT-GERMAIN, 120

—

1903

LE

SUCRAGE DES VINS

CONFORMEMENT A LA LOI DU 28 JANVIER 1903

LE
Sucrage des Vins

CONFORMÉMENT A LA LOI DU 28 JANVIER 1903

NOUVEAU GUIDE

TECHNIQUE ET PRATIQUE DE LA VINIFICATION

PAR

V. SÉBASTIAN

CHIMISTE-ŒNOLOGUE

ANCIEN DIRECTEUR DE STATION ŒNOLOGIQUE ET VITICOLE

MONTPELLIER

COULET & FILS, Libraires-Éditeurs

GRAND'RUE, 5

PARIS

MASSON & Cie, Libraires-Éditeurs

BOULEVARD SAINT-GERMAIN, 120

1903

LE
SUCRAGE DES VINS

INTRODUCTION

La viticulture française se préoccupe avec raison de la loi du 29 janvier 1903 sur le dégrèvement des sucres.

Les uns déclarent qu'elle est mortellement frappée ; d'autres, à la vérité beaucoup moins nombreux, prétendent que le seul inconvénient du sucrage, tel qu'il est déterminé par la loi, sera d'empêcher l'élévation exagérée des cours pendant les années de disette. En temps normal, le prix des vins serait limité, d'après eux, par le prix de revient des vins de sucre. Dans ces conditions, le sucrage pourrait être considéré comme un régulateur merveilleux du marché, régulateur moyen et à l'abri des grandes oscillations aussi dangereuses pour la propriété que pour le commerce.

Toutes ces vues théoriques ne manquent pas d'ingéniosité, mais elles nous paraissent susceptibles d'être fortement entamées par la pratique.

Nous devons examiner la question d'un peu haut, sans nous arrêter aux incidents fortuits et passagers, et en observant toujours les prescriptions de la loi. Conséquemment, notre argumentation ne saurait retenir, que pour mémoire, les procédés de sucrage interdits, tels que *la Gallisation* (mouillage et sucrage de la vendange), fabrication des vins de seconde cuvée, etc.

Il est évident que toute médaille a son avers et son revers. Le sucrage licite ou ILLICITE, favorisé par les dispositions législatives nouvelles, présente de graves inconvénients en temps normal, cela n'est pas douteux, mais il n'en est pas moins évident qu'il peut constituer un précieux adjuvant pour *améliorer* la récolte en cas de grêle, de gelée, de maturité insuffisante, etc.

En présence d'une calamité publique, comme par exemple à la suite d'une gelée générale qui ruinerait la viticulture en détresse et rendrait la France tributaire de l'étranger, il est incontestable que le devoir absolu d'un gouvernement éclairé serait de « fermer les yeux » sur certaines *opérations œnologiques* ayant pour but de sauver la viticulture, de satisfaire les consommateurs, d'enrichir la culture betteravière et d'augmenter en même temps les ressources du Trésor. Il ne s'agit pas, en l'espèce, de frelatage, de sophistication ou de pratiques nuisibles à l'hygiène, mais au contraire de l'utilisation complète et rationnelle de la vendange pour obtenir une plus grande quantité de vins bien constitués afin de satisfaire les besoins de la consommation sans recourir aux mixtures étrangères.

Mais, les cas exceptionnels écartés, il faut bien reconnaître que la viticulture française est aujourd'hui en voie de surproduction naturelle ; or, le sucrage, par l'abaissement des droits, tend à augmenter artificiellement cette surproduction. Et cela suffit pour que nous puissions le considérer comme dangereux... à l'avenir.

Les régions méridionales, exclusivement adonnées à la culture de la vigne et à la production des vins communs, éprouveront sûrement, tôt ou tard, le funeste contre-coup des nouvelles dispositions législatives. Les contrées à vins supérieurs, à crus renommés, seront en moins mauvaise posture; bien mieux, elles auront plus de facilité pour supplanter totalement les produits de consommation courante du Midi!

L'extension rapide de la culture de la vigne sur toute la surface du globe est un fait indéniable.

En France, l'introduction des vignes américaines a favorisé la culture de la précieuse Ampélidée, bien au delà de ses limites naturelles, c'est-à-dire de son milieu économique. Le sucrage à bas prix ne peut que contribuer à étendre son aire d'adaptation.

Les contrées, dont le climat trop rude mûrit mal le raisin, pourront améliorer leur verjus et obtenir un vin agréable — *vin du pays* — qui aura la préférence sur tous les autres vins plus ou moins soupçonnés de sophistications.

En ouvrant la porte au sucrage, on laisse planer sur les récoltes futures un aléa redoutable.

Que le sucrage soit plus ou moins mis en œuvre ou qu'il ne le soit pas, les acheteurs, les consommateurs auront une tendance invincible à croire qu'il a été employé dans une large mesure. Cela n'ira pas sans causer quelques dommages!

Nous souhaitons vivement de nous tromper, mais jusqu'à preuve contraire, il nous est impossible de considérer la facilité du sucrage comme un adjuvant de hausse ou simplement de cours moyens rémunérateurs et fermes.

Sans doute, il faut considérer l'abaissement des droits sur les sucres — substance alimentaire de premier ordre — comme une mesure démocratique comparable à l'abaissement ou à la suppression des droits d'octroi sur les boissons hygiéniques; mais, il n'en est pas moins vrai, que la réforme se répercutera sur la viticulture cruellement éprouvée par la surproduction et la concurrence *sous toutes les formes.*

La région méridionale, essentiellement viticole et productrice de vins ordinaires, n'ayant pas la ressource d'autres cultures d'appui, — parce qu'elle est privée d'un système d'irrigation convenable, — sera plus particulièrement éprouvée.

Nous ne voyons guère que le *monopole des sucres* entre les mains de l'État qui puisse permettre de réglementer et de contrôler la vente… autant que faire se pourra !

Cependant, si la viticulture a le droit de proférer des plaintes, par contre, la culture betteravière doit se réjouir.

L'industrie sucrière, menacée par l'évolution de la politique économique étrangère et par les conditions nouvelles du marché, devait chercher son salut dans le développement de la consommation de ses produits à l'intérieur. Naturellement, le sucrage de la vendange représente un débouché considérable !

Sous prétexte de fermer les fissures problématiques par lesquelles s'échappent les revenus du fisc, et aussi pour augmenter l'utilisation du sucre, le gouvernement s'est efforcé de détruire le privilège des bouilleurs de cru. Il a ainsi constitué une sorte de monopole en faveur des grands distillateurs et principalement de la grande industrie des alcools, sur laquelle repose en partie l'agriculture du Nord de la France.

D'un autre côté, pour bien marquer l'intérêt que l'on porte au sucrage de la vendange par le sucre de canne ou de betterave (saccharose), l'article 23 de la loi de finances fixe le droit sur les *glucoses* indigènes à 5 fr. 60 par 100 kilos de poids effectif, et en interdit l'emploi dans la vinification, soit en première cuvée, soit pour la préparation d'un second vin par versement d'eau sur les marcs.

La fabrication des vins glucosés, leur circulation et leur détention sont punies des peines afférentes à la fabrication, à la circulation et à la détention des vins de sucre en vue de la vente.

Ceci témoigne de la volonté bien arrêtée de supprimer tous les concurrents du sucre de betterave ou saccharose, mais prouve, en même temps, l'ignorance de nos législateurs, car le saccharose qu'ils défendent « per fas et nefas » ne peut fermenter et, conséquemment, produire de l'alcool, qu'à la condition d'être converti tout d'abord en glucose.

Il est vrai que le *glucose massé* commercial renferme environ 11 pour 100 de dextrines non fermentescibles dont la présence au sein du vin permet de caractériser le glucosage proprement dit.

Mais il est parfaitement possible de séparer industriellement les dextrines du glucose (repos en vase et turbinage suffisent amplement), et si cette industrie ne prend aucun essor en France, c'est parce qu'elle est encore régie par la loi de 1846, qui assimile le glucose pur au sucre et le frappe des mêmes droits.

Nous reparlerons du glucose lorsque nous traiterons la question des sucres au point de vue de l'analyse chimique, etc...

En indiquant dans quelle limite le sucrage sera permis, la nouvelle loi a voulu, comme pour le plâtrage, tolérer et limiter une pratique qui, dans certains cas particuliers, offre des avantages.

Le vin, il est vrai, a été défini le produit exclusif de la fermentation du raisin frais. L'acheteur, sauf conditions contraires, a le droit d'exiger un vin absolument naturel, et s'il fait la preuve d'une tromperie sur la qualité de la marchandise vendue, il peut, conformément à l'article 1645 du Code civil, exiger, outre la restitution du prix payé, des dommages-intérêts de son vendeur.

Cet article, ainsi que les articles 1603 et 1641 obligent tout vendeur à garantir l'authenticité de son produit. Tout propriétaire-récoltant, lorsqu'il vend son vin, est tenu de livrer un vin absolument naturel, sauf déclaration.

Des lois spéciales ont confirmé à diverses reprises ce principe d'ordre général.

La loi des 10 et 27 mars 1851 punit des peines portées par l'article 423 du Code pénal ceux qui falsifient les substances ou denrées alimentaires destinées à être vendues.

La loi du 5 mai 1855 déclare que s'il s'agit d'un vin additionné d'eau, les pénalités édictées par l'article 423 du Code pénal et par la loi du 27 mars 1851 seront applicables, même dans le cas où la falsification par mouillage serait connue de l'acheteur ou du consommateur.

La loi du 14 août 1889, ou loi Griffe, dit : Nul ne pourra expédier, vendre ou mettre en vente sous la dénomination de vin un produit autre que celui de la fermentation des raisins frais.

La loi du 11 juillet 1891, plus explicite encore, s'exprime en ces termes : Le produit de la fermentation des marcs de raisins frais avec de l'eau, qu'il y ait ou non addition de sucre, le mélange de ce produit avec le vin, dans quelque proportion que ce soit, ne pourra être expédié, vendu ou mis en vente sous le nom de vin de marc ou vin de sucre.

Le paragraphe 4 dit : Les demandes de sucrage à taxe réduite faites en vue de la fabrication des vins de sucre définis par l'article 2 de la loi du 14 août 1889 sont conservées pendant 3 ans à la Direction ou à la Sous-Direction des Contributions indirectes. Elles sont communiquées à tout requérant, moyennant un droit de recherche de 0 fr. 50 par article.

Les dispositions du paragraphe précité cessent d'être applicables dans les conditions nouvelles, car il n'y aura plus de demandes mais des *déclarations* de sucrage. Les registres de décharge des acquits à-caution disparaissent avec le nouveau régime qui nous donne en échange *la déclaration de détention*.

Mais, dans le sucrage, il faut distinguer trois opérations bien distinctes au point de vue légal et au point de vue œnologique :

1° Addition de sucre aux moûts et aux vins ;

2° Addition d'eau sucrée aux moûts et aux vins ;

3° Addition d'eau sucrée aux marcs frais (vins de 2e et 3e cuvée, etc.).

La première opération est considérée non seulement comme licite, mais comme très recommandable pour améliorer les vins trop pauvres en sucres.

La seconde opération, au contraire, est répréhensible. On lui a donné le nom de *gallisation* parce que Ludwig Gall l'a proposée.

C'est au chimiste P.-J. Macquer (1718-1784) que l'on doit les premiers essais de sucrage proprement dit. Chaptal (1756-1832) ne l'a recommandé que plus tard ; mais la grande autorité qui s'attachait à son nom a prévalu, et c'est ainsi qu'on appelle « Chaptalisation » une opération qu'il serait plus juste de dénommer Macquérisation.

La promulgation de la loi du 14 août 1889 n'a pas eu pour effet de rendre l'opération de la Chaptalisation illicite.

« Cet usage, généralement adopté, dit la Cour de Bordeaux dans un arrêt du 14 février 1892, laisse aux vins, lorsqu'ils sont convenablement traités, leur qualité loyale et marchande et même les améliore ».

Du reste, le ministre des finances, répondant au président de la Chambre de commerce de Tours après la promulgation de la loi du 14 août 1889, avait dit :« Les vins de première cuvée qui ont été soumis simplement au sucrage doivent continuer à être considérés comme vins de vendange. *Doivent seuls être déclarés comme vins de sucre les produits de la fermentation des marcs de raisins frais avec addition de sucre et d'eau*, produits qui ont été, d'ailleurs, spécialement visés dans l'article 2 de la loi en question ».

Cette déclaration du ministre des finances est incomplète. car elle n'ajoute pas que la Gallisation ou addition d'eau sucrée *à la vendange* est une opération illicite de même que l'addition d'eau sucrée aux marcs de raisins frais connue sous le nom de Petiotage.

Donc, la Chaptalisation ou addition de sucre au moût est licite, mais il n'en est pas moins vrai qu'il résulte de la définition légale du vin contenue dans l'article 1er de la loi du 14 août 1889 que le vin étant uniquement *le produit de la fermentation des raisins frais*, l'acquéreur d'une boisson qui porte ce nom entend acheter un liquide ne contenant aucune substance étrangère à sa composition naturelle : sucre, acide tartrique, tannin, etc. C'est ici le cas de rappeler l'antique adage : *Summum jus, summa injuria* « Excès de justice, excès d'injustice ».

La loi Griffe oblige donc le vendeur à informer l'acheteur de toute addition quelconque faite soit à la vendange, soit au vin. En 1896, la Cour d'appel, s'appuyant sur l'inexécution de cette obligation, a pu résoudre un contrat pour défaut de déclaration d'une addition de sucre faite à la vendange au moment de la récolte.

Il est vrai que l'analyse est impuissante à déceler la Chaptalisation lorsqu'elle est pratiquée dans de sages limites (augmentation de 2 à 3 degrés du titre alcoolique normal suivant le type du vin) et à l'aide du saccharose préalablement interverti ou de glucose pur (exempt de dextrines).

CHAPITRE PREMIER

LES SUCRES

—

Les sucres jouent dans la nature un rôle important : ils sont les générateurs des principes végétaux.

Le nombre des sucres est considérablement augmenté depuis les travaux de Fischer et de ses élèves, et il est possible maintenant de tenter la synthèse de tous les principes sucrés et de leurs dérivés.

Les sucres, au point de vue de leur place dans les groupements chimiques, procèdent de deux carbures, le *pentane* — $CH^3 (CH^2)^3 CH^3$ — le carbure en C^5, et l'*Hexane* — $CH^3 - CH^2 - CH^2 - CH^2 - CH^2 - CH^3$ — le carbure en C^6.

Les sucres existent dans toutes les séries atomiques.

Les vrais sucres dérivent du carbure en C^6 l'Hexane : ils fermentent, tandis que les sucres en C^5 ne fermentent pas.

Les sucres en C^5 chauffés avec la phloroglucine ou métabenzénetriol, l'orcine, le naphtol α, etc., donnent des réactions colorées différentes de celles des sucres en C^6. Par exemple les sucres en C^5 avec l'orcine et l'acide chlorhydrique ($D = 1,18$) donnent une coloration bleu violacé. Avec les sucres en C^6, la coloration est jaune orangé avec plus ou moins de tendance au rougeâtre. Ces colorations sont dues, dans le premier cas, à la formation du furfurol, et du méthylfurfurol dans le second cas.

Parmi les corps qui donnent une coloration jaune

orangé, nous citerons : glucose, lévulose, saccharose, maltose, amidon, dextrines.

L'arabinose et son isomère le xylose donnent une coloration violet bleu, tandis que la gomme donne une coloration violet rouge. La mannite, la saccharine ne donnent pas de coloration.

Pouvoir rotatoire des sucres. — L'action des sucres sur la lumière polarisée est d'une haute importance tant au point de vue pratique que théorique.

Les uns sont *dextrogyres* : ils dévient à droite le rayon polarisé ; les autres sont *lévogyres* : ils dévient à gauche le rayon polarisé. Les sucres inactifs (au moins ceux qui ont été obtenus par synthèse) sont des combinaisons du sucre lévogyre avec du sucre dextrogyre.

La valeur du pouvoir rotatoire est variable d'un sucre à l'autre ; ordinairement elle éprouve une modification sous l'influence de divers corps, de la chaleur, du temps et de la concentration.

Un phénomène plus important et à peu près général pour certains sucres, c'est la birotation ou multirotation : lorsqu'on dissout un sucre dans l'eau, son pouvoir rotatoire est, sur le moment, plus considérable que 24 heures après. L'ébullition fait disparaître ce phénomène.

Voici quelques exemples de la variation du pouvoir rotatoire spécifique à la lumière du sodium exprimée par le signe $[\alpha]_D$:

$$Glucose \text{ ou } dextrose\ \alpha_D = +105,16 \text{ après } 5^m 1/2$$
$$C^6H^{12}O^6 \qquad +100,03 \quad — \quad 12^m.$$
$$+ 68,27 \quad — \quad 1^h.$$
$$+ 59,71 \quad — \quad 1^h 1/2.$$
$$+ 52,50 \quad — \quad 8^h.$$
$$Lévulose \text{ ou } fructose\ \alpha_D = -104 \quad — \quad 6^m.$$
$$C^6H^{12}O^6 \qquad 93,8 \quad — \quad 15^m.$$
$$92 \quad — \quad 20^m.$$

Le lévulose est plus particulièrement influencé par la température. Ainsi son pouvoir de rotation, qui est — 106 à 15° centigrades pour la teinte sensible, diminue de 0,75 pour 100 pour chaque degré d'élévation de température au-dessus de 15°; il est réduit de moitié à 90° centigrades.

Les *saccharoses* sont des anhyrides du glucose et du lévulose analogues à l'éther ordinaire des pharmaciens. Le sucre de canne ou de betterave ($C^{12}H^{22}O^{11}$), qui est le plus important des saccharoses, se décompose en glucose et lévulose sous l'influence des acides étendus ou de la sucrase (invertine), diastase sécrétée par la levure. Le travail accompli consiste en une fixation d'eau avec dédoublement : c'est ce que les chimistes appellent *hydrolyse*.

L'équation suivante explique la réaction :

$$C^{12}H^{22}O^{11} + H^2O = C^6H^{12}O^6 + C^6H^{12}O^6$$
$$\text{saccharose} + \text{eau} = \text{glucose} + \text{lévulose}$$

On appelle ce mélange de glucose et de lévulose : *sucre interverti*, parce que le pouvoir rotatoire à droite du saccharose (+ 67,31) est passé à gauche après l'inversion. En effet, le pouvoir rotatoire lévogyre du lévulose est plus fort que celui du glucose dextrogyre.

$\frac{1}{2}$molécule de *glucose* donne une déviation de $\frac{52,7}{2} = +27,30$

$\frac{1}{2}$molécule de *lévulose* donne une dév. de $\frac{106,00}{2} = -53,00$

1 molécule de *sucre interverti* donne une dév. de — 26,70
1 molécule de *saccharose* donne une déviation de +67,31

Le saccharose ne fermente qu'après inversion, c'est-à-dire qu'après avoir été converti en glucose et lévulose : ces deux sucres fermentent directement en présence de la levure.

CHAPITRE II

FERMENTATION

Le mot fermentation dérive du latin *fermentum* : ferment : de *fervere*, bouillonner. Il doit évidemment son origine à la réaction qui se produit au sein des liquides sucrés sous l'action des microbes saccharomyces appelés *levures*. Le sucre fermentescible est transformé par celles-ci en alcool et acide carbonique. L'affluence des bulles de ce corps gazeux est telle que le liquide mousse à la façon d'une eau qui bout. C'est la période active du phénomène désigné sous le nom de « fermentation tumultueuse ».

La fermentation alcoolique est connue depuis l'antiquité la plus reculée. Les récits légendaires nous apprennent que les anciens Égyptiens rapportaient à Osiris l'art de cultiver la vigne et de fabriquer le vin, tandis que les Grecs l'attribuaient à Bacchus, et les Israélites à Noé. Les personnes les plus étrangères aux sciences savent que les liqueurs sucrées en fermentation engendrent deux principes : 1° l'*alcool*, qui rend la boisson spiritueuse, 2° le *gaz carbonique*, qui s'exhale.

L'alcool et l'acide carbonique constituent les termes principaux de la réaction, mais il y a d'autres produits engendrés dont l'influence est considérable sur la saveur et la vinosité : nous citerons, entre autres, l'acide succinique et la glycérine.

Mais avant d'aller plus loin, nous devons parler des levures ou ferments alcooliques.

Les levures sont des végétaux inférieurs, des champignons, dont les cellules produisent par bourgeonnement des cellules semblables.

Une cellule de levure est un globule plus ou moins ovale, recouverte extérieurement d'une enveloppe cohérente. Dans sa période de croissance la plus énergique, son contenu se présente sous l'aspect d'un protoplasma hyalin et homogène. Peu à peu, des corpuscules de différente nature apparaissent dans ce plasma (granules) et on voit se former une ou plusieurs zones transparentes, arrondies et remplies d'un liquide clair (vacuoles). La consistance granuleuse du protoplasma s'accentue avec le vieillissement de la cellule.

A partir de la période de maturité, les grains de raisins sont recouverts d'une sorte de poussière veloutée ou pruine. Dans cette pruine, qui s'enlève au contact des doigts, se trouvent les germes de plusieurs espèces de levures : les plus répandues sont le *saccharomyces ellipsoideus* et le *saccharomyces apiculatus*. Ces microscopiques parasites sont prêts à se développer dès qu'ils arriveront au contact du jus sucré.

Nous sommes redevables à Pasteur des bases biologiques de la fermentation. Malgré quelques incertitudes, les vues théoriques de notre Maître renferment des données fondamentales qui restent toujours inébranlables.

Il y a dans les idées de Pasteur deux faces séparées et indépendantes, l'une *biologique*, l'autre *chimique*. La première précise les conditions générales de l'activité vitale de la levure, tandis que la seconde cherche surtout à expliquer quelle est l'action chimique qui entre en jeu dans le dédoublement de la molécule de sucre en alcool et acide carbonique.

Pasteur pensait que le dédoublement du sucre était dû à une absorption d'oxygène nécessaire à la vie de la levure.

La découverte de la zymase de E. Buchner a fait abandonner la théorie chimique. Fait curieux à constater, c'est précisément cette théorie qui s'est trouvée en défaut dans l'œuvre d'un chimiste éminent, tandis que la partie biologique, qui explique les relations de cause à effet entre l'activité de la cellule de levure et le phénomène de la fermentation, reste toujours debout et met en lumière le mécanisme de la transformation.

Il est inutile de faire ici l'historique des fermentations et de rappeler les remarquables travaux de Lavoisier, de Gay-Lussac, de Dubrunfaut et autres savants. Pasteur étudia la question en 1860. Sachant que, dans la fermentation, 4 à 5 pour 100 du sucre n'entraient pas en réaction pour former de l'alcool et de l'acide carbonique, il chercha quels étaient les autres corps qui pouvaient prendre naissance.

Après de laborieuses recherches, il établit que 100 grammes de sucre mis en fermentation avec 1 gr. 195 de levure donnaient, outre l'alcool et l'acide carbonique, de l'acide succinique (0 gr. 673), de la glycérine (3 gr. 640); soit ensemble 4 gr. 313, accompagnés de quelques autres produits en quantité insignifiante, le tout emprunté au sucre.

Nous remarquerons en passant que l'acide succinique et la glycérine forment un total de même composition centésimale que le sucre :

$$C^4H^6O^4 + C^3H^5(OH)^3 = C^7H^4O^7$$

Si les deux produits se formaient en proportions moléculaires équivalentes, on pourrait croire qu'ils résultent d'un simple dédoublement, d'autant plus que la glycérine est plus hydrogénée et l'acide succinique moins hydrogéné que le sucre, mais il n'en est rien : le rapport entre la glycérine et l'acide succinique est variable. Un autre produit, l'acide carbonique, vient combler la différence. A une quantité plus forte de glycérine correspond une quantité plus élevée d'acide carbonique, mais sans aucun rapport bien marqué. En résumé, il n'existe aucune relation entre la production d'acide succinique et de glycérine qui dépendent l'une et l'autre des sucres en présence, de la levure employée, en un mot, des conditions de la fermentation.

Il se forme, en outre, des produits complexes en petites quantités : l'acide acétique, etc.

Pasteur est arrivé au résultat définitif suivant :

100 de sucre de canne égale 105,263 de glucose.

Alcool.	51.11
Acide carbonique.	48.89
Glycérine.	3.16
Acide succinique.	0.67
Acide acétique, graisse, etc. .	0.90
Acide carbonique fixe. . . .	0.53
	105.26

Les produits de la fermentation alcoolique varient dans une certaine mesure suivant la race de levure, la composition chimique du moût et la température.

Depuis quelques années, nos connaissances sur les phénomènes de la fermentation se sont considérablement modifiées et étendues. L'étude attentive de l'organisme qui la provoque, *la levure*, a donné aux *diastases* une telle importance qu'on ne saurait les séparer du fonctionnement de la cellule.

On disait naguère, lorsqu'on voulait définir les *diastases* : ce sont des substances solubles sécrétées par les cellules vivantes et servant à rendre la matière alimentaire assimilable. Cette définition répondait à l'état de nos connaissances. On peut, en effet, diviser les substances alimentaires en deux grandes classes : celles qui sont directement assimilables pour la cellule, qui peuvent être consommées telles quelles, et celles qui exigent une transformation préparatoire pour devenir alibiles. Ainsi, par exemple, le saccharose ou sucre de canne ou de betterave ne peut être consommé en cet état par aucune cellule vivante ; il faut qu'il soit transformé au préalable en *sucre interverti*, c'est-à-dire en *glucose* et *lévulose*, conformément à l'équation suivante :

$$C^{12}H^{22}O^{11} + H^2O = C^6H^{12}O^6 + C^6H^{12}O^6$$
$$\text{saccharose} + \text{eau} = \text{glucose} + \text{lévulose}$$

Dans la vie des cellules, le travail d'interversion est opéré par une diastase, l'*invertine* ou *sucrase*.

Comme le saccharose, l'amidon et les dextrines ne sauraient être utilisés par les levures sans avoir subi une saccharification préalable.

Sous l'influence des travaux récents, notre conception sur le rôle des diastases s'est sensiblement modifiée. On sait, aujourd'hui, que la transformation de la matière alimentaire, même assimilable, est due aussi à une action diastasique, de telle sorte que la vie de la levure est inséparable de la production des diastases et que nous devons compléter la définition précitée, en disant : les diastases sont des substances élaborées par la cellule vivante ayant pour mission de préparer la matière alimentaire et de la décomposer quand elle est devenue assimilable.

Conséquemment, nous pouvons diviser les diastases en deux grandes classes: les *unes* sont un rouage indispensable du fonctionnement biologique de la cellule ; elles sont si intimement liées à sa vie qu'on peut les considérer comme manifestation de la vie elle-même : privez une cellule de levure de sa diastase alcoolique et elle restera inerte. Les *autres* ne sont pas absolument nécessaires ; elles peuvent exister ou ne pas exister dans la cellule sans que, pour cela, son fonctionnement vital soit aboli. Leur absence a pour effet de restreindre le nombre des aliments que la cellule est capable d'utiliser. Ainsi une levure privée de la faculté de produire de la sucrase sera incapable d'intervertir le saccharose et, par suite, dans l'impossibilité de le consommer, mais elle pourra vivre aux dépens d'autres sucres qui n'ont pas besoin, comme le saccharose, d'être d'abord modifiés par la sucrase.

Le sucre, dans les diverses formes chimiques qu'il revêt, est l'aliment essentiel de la levure. Il constitue l'élément de vie par excellence.

Les sucres sont des hydrates de carbone, c'est-à-dire des combinaisons de charbon (C) avec les éléments de l'eau (hydrogène et oxygène), plus ou moins complexes, dont les plus simples sont directement assimilables, et renferment 6 atomes de carbone, ce que les chimistes résument en disant que ce sont des sucres en C^6 ou des *monoses* (glucose ou dextrose, lévulose ou fructose, — galactose — mannose, etc.), qui répondent à la même formule (isomères) $C^6H^{12}O^6$. Comme nous l'avons déjà dit plus haut, le travail accompli sur les sucres complexes — comme le saccharose — par la diastase, pour les rendre assimilables, consiste à fixer de l'eau sur ces sucres et à les dédoubler en même temps en plusieurs sucres en C^6. Ce travail appelé *hydrolyse* s'accomplit par l'intermédiaire de diastases dans la cellule de levure, mais il est possible de le réaliser par ébullition avec les acides étendus.

L'action des diastases est *spécifique*. En d'autres termes, chaque sucre complexe correspond à une diastase particulière seule capable de le dédoubler, car les diastases ne se suppléent point entre elles.

Il existe des races de levures *non inversives*, c'est-à-dire incapables de produire la sucrase et par conséquent de consommer le saccharose. Parmi ces levures, nous citerons le *saccharomyces apiculatus* dont il a déjà été question et que nous avons signalé comme particulièrement abondant sur les raisins mûrs. Cette levure, en forme de citron, ne pourrait être employée seule dans la fabrication du rhum par exemple, qui a pour base la fermentation des mélasses de canne à sucre (saccharose) et exige une levure inversive sécrétant de la sucrase en abondance. Le même desideratum s'impose à la distillerie de betteraves parce que, là aussi, le sucre qui doit fermenter est du saccharose.

De même que le saccharose, le *maltose* ou *diglucose*, qui se forme dans la saccharification de l'amidon et qui est le sucre du moût de bière, ne peut fermenter qu'après avoir subi une hydrolyse qui le scinde en deux molécules de glucose, et ce dédoublement est opéré par une diastase spéciale, la *maltase*.

$$C^{12}H^{22}O^{11} + H^2O = C^6H^{12}O^6 + C^6H^{12}O^6$$
$$\text{maltose} + \text{eau} = \text{glucose} + \text{glucose}$$

Les diastases agissent dans l'intérieur de la cellule de levure, et non dans le milieu extérieur : elles ne se diffusent que lorsque la cellule a vieilli et que les conditions de perméabilité de sa paroi ont changé. Ceci indique assez que les corps diffusibles, comme les sucres (cristalloïdes) dont nous venons de parler, peuvent seuls pénétrer dans l'intérieur de la cellule et y subir l'action diastasique. Si la levure renfermait une diastase capable de transformer l'amidon ou la dextrine, elle ne pourrait agir qu'en dehors de la cellule, l'amidon et la dextrine étant des corps colloïdes qui ne possèdent pas la propriété de traverser les membranes. Nous savons que, par suite du vieillissement, la cellule laisse diffuser à l'extérieur certaines diastases. C'est très probablement à ce phénomène qu'il faut attribuer l'*atténuation* que l'on remarque pendant la fermentation secondaire du moût de bière.

On sait que le moût de bière renferme, à côté du maltose que les levures de bière font disparaître avec facilité, toute une classe de substances encore assez mal définies que nous appelons des dextrines. Parmi ces dextrines, il en existe qui résistent à la diastase du malt ou de la levure, d'autres plus ou moins complexes s'hydrolysent plus facilement et se laissent transformer en maltose.

Dans ces conditions, il est facile de comprendre la faiblesse ou la puissance d'atténuation que l'on constate chez les diverses races de levure. Les levures à atténuation faible attaquent les dextrines les moins stables, tandis que les levures à atténuation forte peuvent agir sur des dextrines plus résistantes.

Nous allons aborder maintenant l'examen des actions diastasiques fondamentales, c'est-à-dire de celles qui font de la levure un ferment alcoolique et qui se retrouvent chez toutes les races de levures.

Il y a six ans environ, le savant allemand Edouard Buchner a réussi à extraire de la levure de bière fraîche, par pression et broyage, un liquide appelé *suc de levure*, qui provoque immédiatement la fermentation alcoolique des solutions concentrées de sucre. Ce phénomène est dû à la présence de la *zymase*. Cette diastase est retenue très énergiquement par la cellule de levure ; elle ne diffuse pas facilement à l'extérieur, comme font d'autres diastases — la sucrase par exemple, — ce qui explique la nécessité d'employer des moyens mécaniques puissants pour la dégager de la cellule de levure.

La découverte de la zymase a éclairé d'un jour nouveau le mécanisme de la fermentation. Nous savons maintenant que, dans ce phénomène, la levure intervient uniquement comme élaboratrice de zymase. La fermentation se trouve ainsi ramenée à une action chimique de diastase, pouvant se produire en dehors de la cellule vivante.

On peut admettre que la cellule de levure exerce toujours sa fonction fondamentale d'élaboratrice de zymase. Cette zymase opère le dédoublement du sucre en alcool et acide carbonique. Pendant la vie aérobie au large contact de l'air, l'alcool formé disparaît ou ne se retrouve qu'en faible proportion. Dans ce cas, l'alcool doit être utilisé comme aliment. La combustion de l'alcool est une source de chaleur tout comme la combustion du sucre, bien que la chaleur fournie soit sensiblement moins grande. On sait qu'une source de chaleur est indispensable à tout organisme vivant en voie de multiplication.

La levure peut oxyder l'alcool et le brûler en transportant sur lui l'oxygène de l'air par l'intermédiaire d'une diastase oxydante (oxydases) dont M. Grüss, de Berlin, a signalé la présence dans la levure. Bien plus, Kayser et Diénert ont démontré que la levure soumise à la vie aérobie brûle peu à peu la glycérine qu'elle a produite.

Le rôle de cette oxydase cesserait et l'alcool resterait intact dès que la vie de la levure, privée d'oxygène, deviendrait anaérobie.

CHAPITRE III

PRINCIPES DU RAISIN — DOSAGE DU SUCRE ET DE L'ACIDITÉ DANS LES MOUTS — TANNIN

Principes du raisin. — Le grain, ou baie de raisin, se décompose en trois parties principales : la peau, la pulpe et les pépins. La proportion de ces diverses parties varie beaucoup suivant le cépage, le degré de maturité, l'influence du milieu ambiant et les conditions culturales. La pulpe gélatineuse représente 87 o/o environ du poids du grain. De minces cloisons ferment les cellules où est logé le liquide sucré et acidulé qui constitue le jus du raisin.

Un grain d'Aramon pesant 3 gr. 75 nous a donné :

Pulpe.	89.05
Peaux	9.25
Pépins	1.70
	100.00

La pulpe représentait 83 lit. 5 de jus par kilogramme de grains.

Ce jus contient 82 gr. 5 d'eau, 15 gr. de sucre fermentescible, 0 gr. 62 de bitartrate de potasse, 0 gr. 40 d'acide tartrique libre, d'acide malique, etc.; des matières azotées (0 gr. 28), des matières minérales (0 gr. 14), etc.

Le Pinot de Bourgogne, à petits grains serrés, donne

des résultats bien différents. Un grain pesant 1 gr. 19 renferme :

Pulpe	88.50
Peaux	6.60
Pépins	4.90
	100.00

La pulpe représente 81 litres de moût pour 100 kil. de grains. Le jus contient 75 gr. d'eau ; 19.5 de sucre fermentescible ; 0.70 de bitartrate de potasse ; pas d'acide tartrique libre et 0.24 d'acide malique et autres. Les matières azotées sont deux fois plus importantes que celles de l'Aramon.

Lorsque le fruit est mûr à point, le jus possède une saveur douce et légèrement acidulée.

Ce n'est pas au saccharose ou sucre de canne ou de betterave que le raisin mûr doit sa douceur. Le sucre de raisin est un mélange de glucose et de lévulose. Au moment de la maturité, la proportion du lévulose est plus forte. C'est pour cela que les vins de raisins secs et certains vins de liqueur provenant de vendanges très mûres dévient légèrement à gauche la lumière polarisée.

Nous avons déjà dit que le glucose déviait à droite le rayon polarisé, tandis que le lévulose le déviait à gauche, aussi le premier est-il appelé dextrogyre (du lat. *dextera*, droite; *gyrare*, tourner) et le second lévogyre (du lat. *loevus*, gauche ; *gyrare*, tourner). Ceci nous oblige à fournir quelques explications.

Les rayons lumineux vibrent dans diverses directions en donnant la lumière naturelle, mais dans la lumière polarisée les vibrations au lieu de se produire dans tous les sens n'agissent que dans un seul plan.

On transforme la lumière naturelle en lumière polarisée au moyen d'un prisme de nicol dit «polariseur» formé de cristaux de spath d'Islande assemblés de manière à ne laisser filtrer qu'un rayon polarisé. Un second nicol «l'analyseur», pareil au premier, mais disposé rectangulairement, arrête toute vibration et provoque l'obscurité.

En d'autres termes, si nous recevons la lumière polarisée sur un «analyseur» placé à angle droit, il y a extinction, mais si nous interposons entre les deux un quartz perpendiculaire à l'axe, la lumière reparaît.

Quand on tourne «l'analyseur», la lumière disparaît de nouveau. Tout se passe donc comme si le plan de polarisation avait tourné d'un certain angle. Conséquemment, lorsqu'on tourne « l'analyseur » on voit la lumière changer continuellement non seulement d'intensité, mais encore de couleur quand la source lumineuse n'est pas monochromatique.

Un grand nombre de substances dissoutes jouissent du pouvoir rotatoire, les sucres par exemple. Pour observer le pouvoir rotatoire des liquides, on les introduit dans des tubes fermés par des glaces et on les interpose entre un polariseur et un analyseur ; les phénomènes sont les mêmes qu'avec le quartz.

Comme on peut s'y attendre, la rotation est proportionnelle au nombre de molécules rencontrées par le rayon lumineux.

On appelle en général pouvoir rotatoire moléculaire, le quotient du pouvoir rotatoire par la densité de la substance active :

$$[a] = \frac{A}{l\,d}$$

Pour les dissolutions, la densité d c'est la masse dissoute dans l'unité de volume.

Mais nous reprendrons l'étude pratique de ces questions à propos de l'analyse commerciale des sucres.

Dosage du sucre dans les moûts (1).— Pour déterminer rapidement la richesse saccharine des moûts de raisin au moment de la vendange, on fait usage du *mustimètre* Salleron et des tables qui l'accompagnent.

Le dosage des sucres du moût permet de connaître la richesse alcoolique du vin qu'on en obtiendra après fermentation ; il est donc indispensable de pratiquer cette opération lorsqu'on veut améliorer la vendange en augmentant la proportion de sucre.

Le mustimètre de Salleron-Dujardin porte la graduation centésimale de Gay-Lussac et donne deux indications principales : la division du milieu, 1000, représente le poids d'un litre d'eau distillée ; au-dessus les densités inférieures et au-dessous les densités supérieures à l'eau. Il indique les densités depuis 970 jusqu'à 1170 ; il est divisé en degrés marquant le 3e chiffre de la densité et les dixièmes de degré indiquent le 4e. Ainsi, 3°1 signifie densité de 1031 ; les dixièmes de degré représentent donc le gramme par litre.

La première condition pour l'emploi rationnel des alcoomètres est une propreté absolue. L'indication sera faussée si la tige de l'instrument, par sa malpropreté, provoque des attractions entre cette dernière et la surface du liquide.

Donc, il est indispensable, après chaque opération, de laver l'aréomètre ou mustimètre avec une solution faible de carbonate de soude et de le rincer soigneusement à l'eau pure.

(1, Pour dégager d'une foule de détails qui auraient encombré les développements relatifs au dosage du sucre et de l'acidité dans les moûts, nous avons réuni dans le chapitre suivant tous les renseignements utiles à la préparation des liqueurs titrées Voir Chapitre IV.

Il faut avoir soin de tenir l'instrument entre les doigts par l'intermédiaire d'un papier de soie propre.

L'éprouvette dans laquelle l'aréomètre est plongé doit être placée verticalement, de manière à ce qu'il flotte bien au centre. Débarrasser, par l'agitation ou la filtration, les liquides chargés d'acide carbonique, car les bulles de ces gaz soulèveraient l'instrument. Lire exactement la température à laquelle se fait l'observation, et, le cas échéant, corriger, en tenant compte des conditions qui ont présidé à la construction de l'instrument. Une table dressée par le constructeur facilite toujours le calcul.

Un facteur important influe sur l'exactitude de la lecture : c'est le ménisque, ou petit anneau liquide m' qui entoure la tige au-dessus du niveau vrai du liquide et s'élève le long des parois de l'éprouvette en m. La détermination du niveau doit se faire en plaçant l'œil dans le plan horizontal tangent au ménisque à observer suivant la ligne D E. (fig. 1).

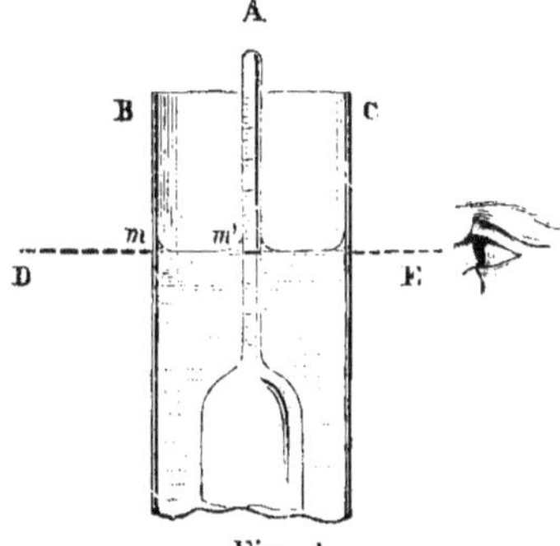

Fig. 1.

En outre, il ne faut pas que le niveau supérieur du liquide affleure le bord supérieur de l'éprouvette B C, parce que la surface du ménisque serait modifiée. Une distance de 1 centimètre au moins doit séparer la surface du liquide de l'ouverture de l'éprouvette. Enfin, attendre un temps suffisant pour que thermomètre, éprouvette et aréomètre puissent prendre la température du liquide.

Dubrunfaut a donné une formule qui permet de calculer la quantité de sucre contenue dans un liquide dont on connaît la densité. Le sucre pur a une densité de

1600, celle de l'eau étant 1000. On peut donc établir la formule suivante, dans laquelle :

D égale la densité indiquée par le densimètre ;

x égale le volume de sucre par litre, obtenu en centimètres cubes :

$$x = \frac{D - 1000 \times 1000}{1600 - 1000} = 1600 - 30$$

Pour avoir la richesse *en grammes* par litre, il faut multiplier le chiffre obtenu en centimètres cubes par la densité du sucre pur, soit 1600.

C'est d'après cette formule que les données de la table suivante ont été calculées ; mais comme le moût de raisin n'est pas uniquement composé d'eau et de sucre, nous avons admis avec Salleron et Robinet qu'un poids constant de 30 grammes devait être retranché du chiffre obtenu. Ces 30 grammes représentent les sels de potasse et de chaux, le tannin, les gommes, les matières albuminoïdes et colorantes, etc., que contiennent les moûts de vendange.

Donc, en appliquant les tables du densimètre de Gay-Lussac à la recherche de la densité d'une *solution d'eau distillée et de sucre pur*, il faudrait «ajouter» 30 grammes aux chiffres de la colonne : *grammes de sucre par litre*, qu'indique le tableau suivant (Voir pages 31 à 33).

Tableau I

Richesse saccharine et alcoolique du moût de raisin

DEGRÉS du densimètre Gay-Lussac	DEGRÉS de l'aréomètre Baumé	GRAMMES de sucre par litre de moût	RICHESSE alcoolique du vin fait
1020	»	0.023	1.35
1021	»	0.026	1.47
1022	3.0	0.029	1.65
1023	»	0.031	1.82
1024	»	0.034	1.94
1025	»	0.036	2.12
1026	»	0.038	2.30
1027	»	0.042	2.40
1028	»	0.044	2.70
1029	4	0.047	2.77
1030	»	0.050	2.95
1031	»	9.053	3.06
1032	»	0.055	3.24
1033	»	0.058	3.40
1034	»	0.061	3.50
1035	»	0.063	3.70
1036	5	0.066	3.90
1037	»	0.069	4.00
1038	»	0.071	4.20
1039	»	0.074	4.30
1040	»	0.076	4.50
1041	»	0.079	4.60
1042	»	0.082	4.80
1043	»	00.084	4.90
1044	6	0.087	5.10
1045	»	0.090	5.30
1046	»	0.092	5.40

DEGRES du densimètre Gay-Lussac	DEGRES de l'aréomètre Baumé	GRAMMES de sucre par litre de moût	RICHESSE alcoolique du vin fait
1047	»	0ᵏ095	5.60
1048	»	0 098	5.70
1049	»	0.100	5.90
1050	6.9	0.103	6.0
1051	7.0	0 106	6.2
1052	7.1	0.108	6.3
1053	7 2	0.111	6 5
1054	7.4	0.114	6.7
1055	7.5	0.116	6.8
1056	7.6	0.119	7 0
1057	7.8	0.122	7 2
1058	7.9	0.124	7.3
1059	8.0	0.127	7.5
1060	8.1	0.130	7.6
1061	8.3	0 132	7.8
1062	8.4	0.135	7.9
1063	8.5	0.138	8.1
1064	8.6	0.140	8.2
1065	8.8	0.143	8.4
1066	8.9	0.146	8.6
1067	9.0	0.148	8 7
1068	9.2	0.151	8.9
1069	9.3	0.154	9.0
1070	9.4	0.156	9.2
1071	9.5	0.159	9.3
1072	9.7	0.162	9.5
1073	9.8	0.164	9.6
1074	9.9	0.167	9.8
1075	10.0	0.170	10.0
1076	10.2	0.172	10.1
1077	10.3	0.175	10.3
1078	10.4	0.178	10.5
1079	10.5	0.180	10.6
1080	10.7	0.183	10.8
1081	10.8	0.186	10.9
1082	10.9	0.188	11.0

DEGRES du densimètre Gay-Lussac	DEGRES de l'aréomètre Baumé	GRAMMES de sucre par litre de moût	RICHESSE alcoolique du vin fait
1083	11.0	0.191	11.2
1084	11.1	0.194	11.4
1085	11.3	0.196	11.5
1086	11.4	0.199	11.7
1087	11.5	0.202	11.9
1088	11.6	0.204	12.0
1089	11.7	0.207	12.2
1090	11.9	0.210	12.3
1091	12.0	0.212	12.5
1092	12.1	0.215	12.6
1093	12.3	0.218	12.8
1094	12.4	0.220	12.9
1095	12.5	0.223	13.1
1096	12.6	0.226	13.3
1097	12.7	0.228	13.4
1098	12.9	0.231	13.6
1099	13.0	0.234	13.8
1100	13.1	0.236	13.9
1101	13.2	0.239	
1102	13.3	0.242	
1103	13.5	0.244	
1104	13.6	0.247	
1105	13.7	0.250	
1106	13.8	0.252	
1107	13.9	0.255	
1108	14.0	0.258	
1109	14.2	0.260	15.2

Donc, si le mustimètre (fig. 2) marque 1070, nous trouvons dans la table 156 grammes de sucre par litre de moût, correspondant à un vin de 9°2.

La transformation intégrale du sucre en alcool et en acide carbonique ne peut être rigoureusement déterminée, car suivant la race des levures qui prédomine dans le moût, suivant les conditions du milieu, la proportion des produits secondaires, qui peuvent se former aux dépens du sucre, varie sensiblement.

Fig. 2.

Dans ses expériences, Salleron a trouvé que 1 kilogr. de sucre de raisin fournit 0 lit. 590 d'alcool, au lieu de 0.610 que donne la théorie ; ce chiffre de 0,590 correspond à 1700 grammes de sucre de raisin pour un litre d'alcool pur.

1 kilogr. de sucre de raisin donne théoriquement 0 k. 4667 d'acide carbonique.

On peut aussi doser les sucres du moût par la liqueur de Fehling (méthode volumétrique — méthodes pondérales). Mais la réduction de cette liqueur, etc., exige une certaine dextérité chimique. Les praticiens n'ont pas besoin d'y avoir recours pour obtenir des renseignements suffisamment précis : l'essai au mustimètre leur suffit.

Nous dirons cependant pour ceux qui voudraient doser le sucre de raisin par la méthode pondérale à l'aide de la liqueur cuivrique, qu'ils doivent porter leur attention sur les points suivants et opérer *toujours* rigoureusement de la même manière :

1° La composition exacte de la liqueur de Fehling, particulièrement en ce qui concerne la *nature* et la *quantité* d'alcali ;

2° La dilution de la liqueur de Fehling :

3° Le poids du cuivre réduit, qui doit être compris entre certaines limites définies :

4° Le mode de chauffage et le temps employé pour opérer la réduction.

En tenant compte de ces données, voici les conditions normales de la conduite des opérations :

La liqueur de Fehling que nous employons a la composition suivante :

34 gr. 64 par litre de sulfate de cuivre pur, préalablement pulvérisé et séché entre des feuilles de papier à filtrer.

173 gr. 0 de sel de Seignette pur (tartrate double de potasse et de soude).

65 gr. 0 de soude anhydre.

Il faut faire usage de deux solutions : l'une renfermant le sulfate de cuivre dissous dans 500 centimètres cubes d'eau ; l'autre le sel de Seignette et la soude dissous dans le même volume d'eau légèrement chauffé au bain-marie. On mélange les deux solutions à volumes égaux avant l'emploi.

Il est bon d'employer de la soude purifiée à l'alcool et de faire une détermination précise de sa qualité, qui varie d'un échantillon à l'autre.

D'après les équivalents : 180 de glucose anhydre correspondent à 1246,8 de sulfate de cuivre, soit 34 gr. 64 de sulfate de cuivre pour 5 gr. de sucre interverti, mais d'après le rapport des équivalents, entre le glucose et le saccharose, on a $34,64 \times \dfrac{180}{171} = 36,46$. Donc, la liqueur de Violette, très usitée dans les laboratoires, correspond à 5 gr. de saccharose et 5 gr. 263 de sucre interverti ou glucose, puisqu'elle renferme 36 gr. 46 de sulfate de cuivre.

La dilution de la liqueur de Fehling doit être telle

qu'en tenant compte du volume de la solution sucrée employée, il y ait un volume de liqueur pour deux volumes d'eau, soit 10 centimètres cubes de liqueur de Fehling amenés à 30 centimètres cubes pour chaque expérience.

La quantité de solution sucrée employée doit être telle que le poids d'oxyde de cuivre obtenu (CuO) soit compris entre 0 gr. 15 et 0 gr. 35.

On place la liqueur de Fehling diluée dans un vase de Bohême qu'on chauffe au bain-marie bouillant jusqu'à ce que sa température soit devenue constante ; puis on ajoute la solution sucrée exactement mesurée et on continue à chauffer pendant dix minutes, en couvrant le vase de Bohême avec un verre de montre. L'oxydule de cuivre est filtré aussi rapidement que possible, soit dans un tube à amiante de Soxhlet, sous pression réduite (trompe à eau ou aspirateur), soit sur un filtre en papier soigneusement plié. Dans le premier cas, on transforme l'oxydule de cuivre en oxyde (CuO) par oxydation, et on réduit ensuite à l'état de cuivre dans un courant d'hydrogène. Dans le second cas, on brûle le filtre après l'avoir desséché.

Fig. 3.

A) Le tube de Soxhlet garni d'amiante ou plus simplement le bout de tube à analyses étiré et garni d'amiante (fig. 3) est séché, puis pesé. On filtre comme il a été dit, on lave rapidement à l'eau froide, ensuite à l'alcool et enfin à l'éther ; puis on sèche à l'étuve. On réduit le protoxyde de cuivre par l'hydrogène en introduisant le tube Soxhlet dans un tube de verre où l'on fait arriver un courant d'hydrogène sec et pur. On pèse après refroidissement et l'on cherche le poids du glucose correspondant au poids du cuivre. La détermination du glucose est facile en résolvant l'équation

$$a\,x^2 + b\,x + c = p$$

dans laquelle :

$p =$ le poids du cuivre réduit ;
$x =$ le poids de glucose cherché :
$a = -\,0{,}000753$;
$b = +\,2{,}0514$;
$c = -\,2{,}61$.

Lorsqu'il s'agit de sucre interverti, et non de glucose, cette formule n'est plus applicable ; on emploie la table de Meissl reproduite ci-dessous :

Milligr. de sucre interverti	Milligr. de cuivre réduit	Milligr. de cuivre réduit correspondant à 1 milligr. de sucre interverti	Milligr. de sucre interverti	Milligr. de cuivre réduit	Milligr. de cuivre réduit correspondant à 1 milligr. de sucre interverti
50	96 0		140	258 1	
55	105.4		145	259 4	1.744
60	114.8		150	276.8	
65	124.2	1.876	155	285.2	
70	133.5		160	293 6	
75	142.9		165	302.1	1.684
80	152.1		170	310.5	
85	161.3		175	318.9	
90	170.5	1.840	180	327.2	
95	179.7		185	335.5	
100	188.9		190	343.7	1 656
105	197.8		195	352.0	
110	206.6		200	360 3	
115	215.5	1.772	205	368.2	
120	224.4		210	376.2	
125	233.2		215	384.2	1.592
130	241.9	1.744	220	392 4	
135	250.6		225	400.1	

Exemple : Si l'on a trouvé 304.0 de cuivre réduit, on cherche dans la table le nombre inférieur qui s'approche le plus de ce poids ; c'est 302.1 qui correspond à 165 milligr. de sucre interverti ; il reste 304.0 — 302.1 = 1.9 milligr. de cuivre non comptés. La troisième colonne indique que, pour la concentration de la liqueur sucrée, 1,684 de cuivre réduit correspond à 1 milligr. de sucre interverti ; 1,9 de sucre valent donc $\dfrac{1.9}{1.684} = 1$ milligr. 1 de sucre à ajouter aux 165 milligr. de sucre interverti donnés par la table, soit : 166 milligr. 1.

B) Dans le second cas, on verse le liquide en ébullition sur un filtre Berzélius, disposé sur un entonnoir Joulie, de façon à tenir le filtre plein ; filtrer rapidement, car la liqueur de cuivre non décomposée tend à redissoudre l'oxydule de cuivre : on lave *immédiatement* avec de l'eau distillée bouillante, jusqu'à ce que le liquide filtré n'ait plus la réaction alcaline ; on replie alors le filtre, on le dessèche dans une nacelle en platine tarée, on l'incinère, puis on introduit la nacelle dans un tube de verre, où l'on fait arriver un courant d'hydrogène pur et sec. Lorsque l'air est expulsé de l'appareil, on chauffe la nacelle au rouge très sombre jusqu'à réduction complète de l'oxyde, on laisse refroidir dans le courant d'hydrogène, et on pèse. L'augmentation du poids de la nacelle multiplié par 0 gr. 569 donne le poids du sucre existant.

Comme la liqueur de Fehling la plus soigneusement préparée donne toujours, lorsqu'on la chauffe, un léger précipité d'oxydule de cuivre, il est indispensable de déterminer la quantité de cet oxydule sur un échantillon de chaque provision nouvelle de liqueur de Fehling, et d'en tenir compte dans chaque détermination. Si on emploie du papier comme filtre, il faut aussi déterminer la quantité de cuivre retenu dans le tissu du papier et en tenir compte.

En travaillant dans les conditions que nous avons fixées, l'équivalent de sucre de raisin réduit 10 équivalents de bioxyde de cuivre ; en d'autres termes, 10 cent. cubes de liqueur de Fehling correspondent à 0 gr. 050 de sucre de raisin anhydre ou de sucre interverti.

Les différents sucres ne possèdent pas le même pouvoir réducteur.

Le glucose donne un peu plus d'oxyde de cuivre que le lévulose. Dans une série d'expériences, nous avons obtenu, en moyenne, 2 gr. 350 CuO avec le glucose, et 2 gr. 215 avec le lévulose.

Titrage de la liqueur de Fehling. — Pour l'emploi de cette méthode, la liqueur cupro-potassique doit être titrée avec précision. On pèse 4gr. 75 de sucre candi pur et sec, que l'on introduit dans un ballon avec environ 50 cent. cubes d'eau distillée et 4 ou 5 décigr. d'acide tartrique pur. On place le ballon sur une toile métallique ou dans un bain-marie bouillant et on fait bouillir pendant 10 minutes. Puis on transvase le liquide bouillant dans une fiole jaugée de 500 cent. cubes remplie préalablement à moitié d'eau distillée. On laisse refroidir à 15° et on complète le volume avec de l'eau distillée.

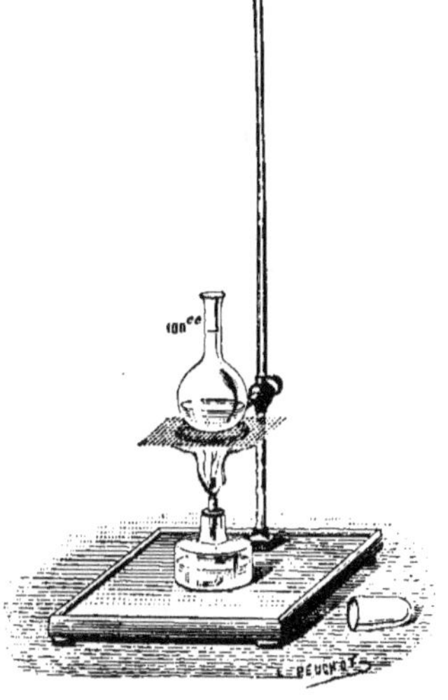

Fig. 4.

Le liquide bouillant ne doit pas être jaune, car cette couleur est l'indice de la décomposition du sucre inverti formé ; en le versant dans l'eau froide, comme il a été dit plus haut, on empêche la formation de la couleur jaune.

Il n'est pas nécessaire de saturer l'acidité de la liqueur sucrée.

Par suite de l'inversion du saccharose ou sucre de canne, et d'après les équivalents 171 et 180, les 4 gr. 75 de candi se sont transformés en 5 grammes de sucre inverti. Puisque nous avons fait seulement demi-litre, chaque centimètre cube renferme 0 gr. 01 par centimètre cube. Il est bon de ne pas dépasser ce degré de concentration aussi bien pour le titrage de la liqueur que pour les essais.

On en remplit la burette Salleron, avec laquelle la vitesse d'écoulement est réglée à volonté (fig. 5).

D'autre part, avec une pipette de 5 cent. cubes graduée entre deux traits, on puise de la liqueur cuivrique et on la verse dans une capsule de porcelaine de 84 millimètres de diamètre, contenant 50 cent. cubes d'eau bouillante.

On laisse bouillir pendant quelques minutes et on examine s'il n'y a pas de traces de précipité rouge : la liqueur doit conserver sa belle couleur bleue.

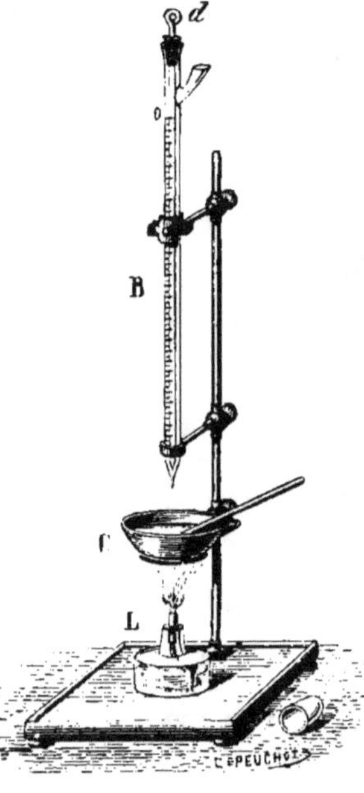

Fig. 5.

On place la capsule sous la burette et on verse régulièrement le liquide sucré que cette dernière renferme, jusqu'à ce que la décoloration complète de la liqueur cuivrique soit atteinte.

L'aspect du liquide en pleine ébullition guide l'opérateur et lui indique l'approche de la fin de l'opération. La masse bleu foncé prend d'abord une teinte violette, puis violet-rougeâtre, puis rouge brique, puis rouge plus ou moins pur et enfin rouge clair. Si on arrête, de temps en temps l'ébullition, le précipité se dépose, et on voit que le liquide surnageant a une teinte bleue qui s'éclaircit de plus en plus. Lorsque le précipité présente la couleur rouge clair, le liquide est incolore.

Le point terminal est parfois assez difficile à saisir à cause de la teinte jaunâtre due à l'action de la soude sur les substances autres que le glucose contenues dans le liquide sucré en expérience, — il en est généralement ainsi avec les moûts et les vins.

Il faut aller vite à la fin de l'opération. On arrête l'ébullition ; le précipité se forme rapidement et tombe au fond ; on incline alors la capsule et, sur la partie blanche, on peut apprécier facilement la teinte du liquide. Si on perçoit une teinte bleue, on remet à l'ébullition et on ajoute quelques gouttes de liqueur sucrée, puis on observe à nouveau comme il a été dit.

Il est recommandé de mener l'opération rondement, parce que l'oxydule de cuivre précipité se réoxyde assez facilement au contact de l'air lorsque le point terminal n'est pas atteint. Cette redissolution du cuivre provoque le bleuissement du liquide.

Pour obvier à toutes les incertitudes et démontrer la réduction complète du cuivre, on dépose sur une feuille double de papier à filtrer une goutte de solution de ferrocyanure de potassium acidulé par une goutte d'acide acétique, puis on trempe une baguette de verre dans la solution bouillante et on touche la tache faite sur le papier ; s'il reste encore du cuivre non réduit, c'est-à-dire si la réaction n'est pas terminée, une coloration brun-rouge se montre au point de contact.

Pour être certain que le point terminal n'a pas été dépassé, M. Ch. Girard filtre une petite portion du liquide de la capsule dans un tube à essais, il verse 2 ou 3 gouttes de liqueur de cuivre et fait bouillir ; il ne doit pas se former de précipité rouge, sinon il y aurait un excès de liqueur sucrée.

Ces deux moyens de contrôle permettent d'arriver à une grande précision.

Le nombre de centimètres cubes de la liqueur sucrée employée indique le nombre de centigrammes de sucre nécessaire pour décomposer 10 c. c. de liqueur Fehling-Sébastian.

Ordinairement, les liqueurs préparées ainsi que nous l'avons indiqué sont décomposées par 4,9 à 5,3 c. c., ce qui correspond à 0 gr. 049 à 0 gr. 053 de glucose.

Dix centimètres cubes de liqueur correspondent donc à un chiffre très voisin de 0 gr. 05 de glucose : il suffit de noter ce chiffre pour les opérations ultérieures.

Soit n le nombre de centimètres cubes de liqueur sucrée qu'il a fallu verser pour réduire les 10 c. c. de liqueur cuivrique dont le titre est 0,050, nous aurons :

$$\frac{0,050 \times 1000}{n} = x$$

x égale la quantité en grammes de sucre réducteur par litre de moût.

Méthode pour le dosage volumétrique du sucre dans un moût. — Il faut d'abord rechercher approximativement la quantité de moût filtré nécessaire pour réduire 2 c. c. de liqueur cuivrique.

On essaie le liquide naturel sur 2 c. c. du réactif. Le chiffre indiqué par la burette graduée est multiplié par 5, on obtient ainsi le volume de moût capable de réduire 10 c. c. de liqueur de cuivre.

Le résultat trouvé permet, en outre, de calculer la

quantité d'eau dont il faut étendre le vin ou le moût en expérience pour verser dans le réactif bouillant au moins 10 c. c. de liquide sucré correspondant à 5 grammes de sucre par litre environ.

Un moût contenant 200 grammes sera dilué 40 fois ; un moût contenant 300 grammes sera dilué 60 fois ; un moût contenant 350 grammes sera dilué 70 fois ; un moût contenant 425 grammes sera dilué 85 fois.

La dilution du moût, comme celle de tous les liquides, se fait à l'aide de ballons et burettes graduées.

Pour diluer à moitié, on remplit avec le liquide sucré un ballon de 100 c. c. que l'on transvase dans un ballon de 200 c. c. On rince soigneusement le ballon de 100 c. c., et par une série de lavages, on arrive à remplir jusqu'au trait le ballon de 200 c. c.

Lorsqu'on veut diluer au 1/4, on remplit un ballon de 50 c. c. que l'on transvase dans le ballon de 200 c. c. et en continuant comme il vient d'être dit, jusqu'à ce que le ballon de 200 c. c. soit plein. Si la dilution doit être au 1/8, on prend avec la burette 25 c. c. ; pour le 1/16, on prend 12 c. c. 5 ; pour le 1/20, on prend 10 c. c. Pour le 1/30, qui représente une bonne moyenne des moûts, on prend 33 c. c. 3 que l'on verse dans un ballon de 1 litre. Enfin, pour le 1/40, on en verse 25 c. c. En utilisant la burette, il n'y a pas de lavages à faire ; on étend d'eau jusqu'au trait de jauge du ballon.

Généralement, lorsqu'on opère sur des moûts de raisin ou sur des liquides très sucrés, on dilue au 30ᵉ ou au 40ᵉ ; si le liquide est incolore, on opère directement la réduction ; si le liquide est coloré, on le traite par le noir animal en poudre. On agite énergiquement et on laisse en contact une demi-heure environ. On filtre et le liquide décoloré est introduit dans une burette graduée de Salleron.

La liqueur contenant le moût ou le sucre interverti à

doser doit être étendue — ou concentrée suivant le cas, — de manière à renfermer une proportion voisine de 0,5 pour 100 de sucre réducteur, et dans tous les cas plutôt moins que plus. On opère le dosage comme il a été dit pour le titrage de la liqueur cuivrique.

Admettons qu'on dispose d'une liqueur de Fehling dont 10 c. c. exigent pour être réduits 10 c. c. 3 de solution sucrée ou de moût. Cette solution ayant été diluée 50 fois, la réduction du même volume de liqueur de Fehling est accomplie après une dépense de 9 c. c. 6. Le moût contient donc $50 \times 5 \times 100 \dfrac{103}{96}$, soit 26.825 centigrammes ou 268 grammes par litre en chiffres ronds.

Acides. — Les principes acides du raisin sont dus surtout à la présence de deux acides organiques : l'acide tartrique ($C^4H^6O^6 + 2\,H^2O$) et l'acide malique ($C^4H^6O^5$). Or, à mesure que le fruit mûrit, la potasse vient saturer peu à peu une partie de l'acidité.

L'acide malique, ainsi appelé parce qu'il est abondant dans les pommes (lat. *malum*, pomme), est un proche parent de l'acide tartrique, dont il ne diffère que par un atome d'oxygène en plus dans sa molécule. Ces deux acides bibasiques se retrouvent associés dans la plupart des fruits.

L'un et l'autre composé peuvent engendrer avec une base, comme la potasse, par exemple, des sels neutres ou des sels acides. Dans ce dernier cas, un seul atome des deux hydrogènes actifs est substitué.

L'acide tartrique doit avoir une affinité supérieure à celle de l'acide malique, car le potassium se porte presque uniquement sur lui pour former du bitartrate potassique

$$C^4H^4KHO^6.$$

Le tartrate acide de potasse est presque rigoureusement

insoluble ; il s'élimine de la réaction au fur et à mesure qu'il se produit. L'alcool qui se crée pendant la fermentation contribue à sa précipitation.

Toutes les recherches dont les ferments alcooliques ont été l'objet montrent nettement le rôle que joue l'acidité du moût dans la manifestation des diverses propriétés physiologiques de ces organismes. D'une manière générale, les bactéries, les mauvais ferments sont contrariés dans leur développement par l'acidité du milieu.

Il ne faut rien exagérer cependant, car si l'on élève peu à peu l'acidité d'un moût, on constate qu'il y a une dose maxima au delà de laquelle le fonctionnement des levures est considérablement gêné. Cette dose varie avec la nature de l'acide employé ; mais quel que soit cet acide, il est difficile de le représenter par un nombre fixe et immuable. La dose d'acide qu'une levure déterminée supporte dépend de nombreuses conditions, — race de la levure, accoutumance, température, etc.

D'autre part, indépendamment des différences que les divers saccharomyces manifestent relativement au degré d'acidité qui leur convient le mieux, ils se différencient encore par une production plus ou moins énergique d'acides — surtout d'acides volatils — au cours de la fermentation.

Les volumes considérables de moût qu'il faut mettre en fermentation rendraient l'ébullition trop coûteuse pour opérer la destruction des organismes autres que les levures qui abondent toujours dans le moût. Il devient donc nécessaire de s'opposer autant que possible au développement de ces organismes par un moyen pratique qui ne soit pas trop gênant pour la levure ; et c'est là le rôle le plus important de l'acide.

Le manque d'acidité est un défaut assez fréquent dans le Midi lorsque la vendange est mûre à point.

Il y aura lieu de pratiquer l'acidification du moût par l'acide tartrique lorsque sa teneur sera inférieure à :

7,5 grammes d'acide tartrique par litre de moût pour la Carignane, le Mourvèdre, l'Alicante.

8 grammes d'acide tartrique pour l'Aramon,

10 grammes d'acide tartrique pour le Petit-Bouschet et autres hybrides Bouschet,

12 grammes d'acide tartrique pour le Jacquez,

il conviendra de relever le titre jusqu'aux chiffres précités.

Il est à remarquer que la vendange acidifiée au moment du foulage donne un vin à acidité franche et non pas un vin dur et acerbe comme les vins tartriqués après fermentation. D'autre part, l'acide tartrique ajouté ne donne jamais l'augmentation théorique d'acidité par litre. Dans la pratique, cette augmentation est variable sous l'influence de diverses causes. En ajoutant 1 gr. 50, 3 gr. et 7 gr. d'acide tartrique, nous n'avons obtenu dans le vin fait qu'un supplément d'acidité de 1 gr. 40, 2 gr. 90 et 5 gr. 95 ; le reste a passé à l'état d'éther et de crème de tartre, etc.

La diminution de l'acidité pendant la fermentation s'explique par la précipitation de la crème de tartre au fur et à mesure de la production de l'alcool, et aussi par l'action de la levure, des bacilles, et par le phénomène de l'éthérification.

Certaines bactéries sont destructives d'acide : elles forment de l'acide lactique aux dépens de l'acide malique et aussi un peu d'acide acétique et d'acide carbonique.

D'où il résulte que tout ce qui entrave la multiplication des bactéries : mutage, filtrage, soutirage, collage, etc., contribue à conserver l'acidité aux vins.

L'amélioration des moûts trop verts s'obtient par le sucrage, qui relève le titre alcoolique et provoque ainsi la précipitation d'une plus forte proportion de tartrate acide de potasse. La vinosité y gagne, tandis que l'acidité y perd.

Demander à des viticulteurs de s'occuper avec soin de déterminer l'acidité de leurs vendanges, c'est soulever aussitôt chez la plupart d'entre eux des objections routinières qu'ils croient sérieuses. Ils ont, en effet, profondément ancré dans l'esprit ce préjugé qu'il faut être un chimiste émérite pour faire une semblable détermination. En réalité, il n'y a rien de plus simple, et pour peu qu'on veuille s'en donner la peine, rien n'est plus facile que de noter les observations faites par des procédés qui sont à la portée de toutes les bonnes volontés. Il n'est nullement nécessaire d'apporter dans ces déterminations une extrême précision, et les instruments qu'elles exigent sont rudimentaires.

Dosage de l'acidité dans les moûts. — Le dosage de l'acidité exige un matériel fort simple: une pipette de 10 centimètres cubes, un verre à pied, une baguette de verre, quelques bandelettes de papier de tournesol violet sensible, une burette graduée — ou un flacon-burette automatique (1).

On prélève avec la pipette 20 centimètres cubes du moût dont on veut déterminer l'acidité, et on les laisse couler dans le verre à pied. On verse ensuite dans la burette graduée la liqueur de soude-décime.

On verse peu à peu la soude de la burette dans le moût en ayant soin d'agiter avec la baguette de verre et, après chaque addition, on touche légèrement avec la baguette une bandelette de papier de tournesol violet sensible.

---

(1) L'acidimètre de M. Roos est un instrument très pratique qui mérite d'être recommandé aux viticulteurs.

Dans ces conditions, une goutte de liquide déposée sur la bandelette de papier produit une tache rouge si le liquide est encore acide, et bleue si le liquide est alca-

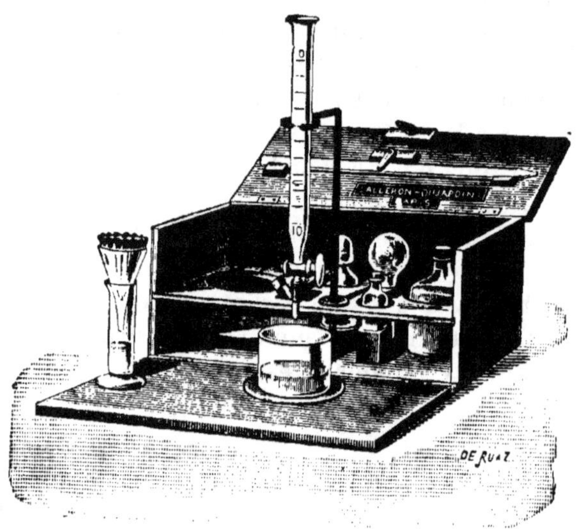

Fig. 7. — Nécessaire acidimétrique Salleron.

lin. On s'arrête dès que l'auréole devient bleue, le nombre de centimètres cubes de liqueur normale décime trouvé, multiplié par 0,0049, puis par 50, xpri me l'acidité par litre de moût en acide sulfurique (SO^4H^2).

On voit quelle est la simplicité d'une semblable détermination?

L'acidité des moûts, comme celle des vins, s'exprime généralement en acide sulfurique monohydraté ; en Allemagne, on l'évalue souvent en acide tartrique. Sans doute, à première vue, cette méthode semble plus pratique, mais il n'en est rien cependant. L'acide tartrique ne représente pas l'acidité totale. Dans les moûts normaux, il est souvent absent ou bien il n'existe qu'à l'état de traces. En revanche, on y trouve beaucoup de bitartrate de potasse, des tannins, etc.

Comme dans les vins naturels il n'y a aucune trace d'acide sulfurique libre, on ne risque pas de confondre l'équivalence avec la réalité.

Du reste, ainsi que nous l'avons indiqué plus haut, il est facile de connaître à quel poids d'un autre acide correspond 1 gramme d'acide sulfurique, et quelles sont les quantités de substances alcalines nécessaires pour saturer ce même poids de 1 gramme d'acide sulfurique.

49 grammes d'acide sulfurique correspondent à 60 grammes d'acide acétique, 1 gramme du premier acide équivaut à 1 gr. 224 du second, et comme, d'autre part, le même poids de 49 gr. équivaut à 188 de bitartrate de potasse, la quantité de ce sel donnant la même acidité que 1 gramme d'acide sulfurique est 3 gr. 836. 49 grammes d'acide sulfurique correspondent à 75 grammes d'acide tartrique : il faut donc 1 gramme du premier pour équivaloir 1 gr. 50 du second.

La méthode volumétrique gazeuse préconisée par le regretté A. Bernard, directeur du laboratoir départemental de Saône-et-Loire, a été simplifiée par M. de Saporta qui a eu l'heureuse idée d'imaginer une réglette mobile qu'on adapte au calcimètre et qui dispense de tout calcul. Cette réglette, représentée en place sur un calcimètre dans la figure 8, au point C, peut coulisser de haut en bas au moyen d'un bouton de pression à vis placé derrière la planchette sur laquelle l'instrument est fixé. Elle est divisée de 5 à 15 en partant du haut.

Mode opératoire. — On procède d'abord au tarage de l'appareil qui peut s'effectuer à l'aide d'une solution d'acide tartrique à 10 o/o.

20 c. c. de la solution sont placés dans la fiole à réaction H ; puis on met la quantité voulue de bicarbonate de soude dans la petite jauge T. A cet effet, une petite mesure accompagne l'appareil.

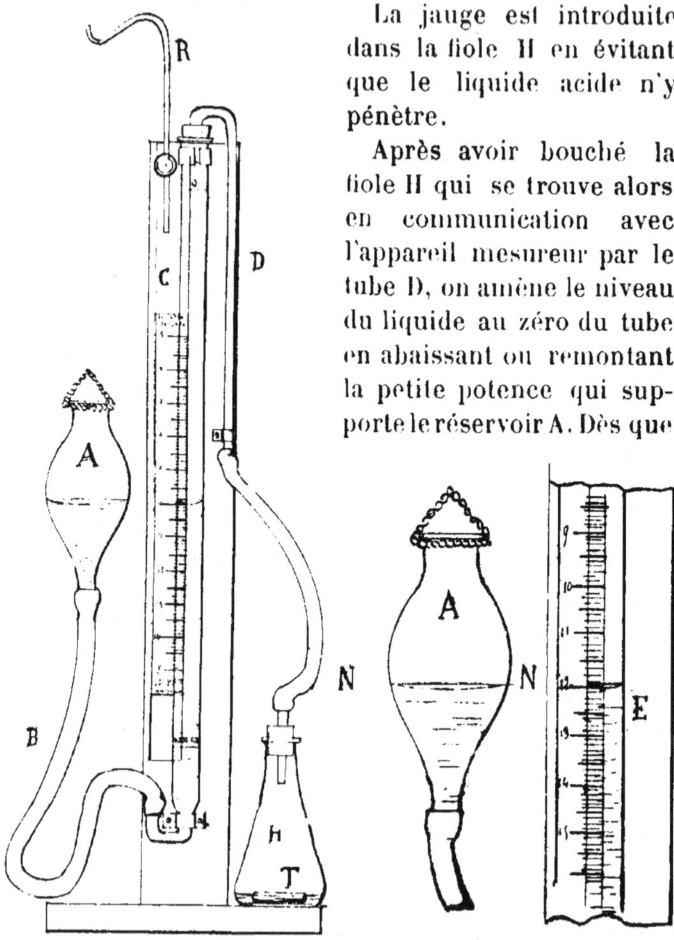

La jauge est introduite dans la fiole H en évitant que le liquide acide n'y pénètre.

Après avoir bouché la fiole H qui se trouve alors en communication avec l'appareil mesureur par le tube D, on amène le niveau du liquide au zéro du tube en abaissant ou remontant la petite potence qui supporte le réservoir A. Dès que

Fig. 8. — Acidimètre Bernard.

la partie inférieure du ménisque est tangente au trait, le calcimètre est prêt à fonctionner. On agite la fiole H de façon à mettre le bicarbonate au contact du liquide acide. Aussitôt le dégagement gazeux s'effectue et le niveau de l'eau baisse rapidement dans le tube. On tient le réservoir A dans la main afin de mettre le niveau de l'eau du réservoir à la hauteur du niveau du liquide dans le tube. Continuer l'agitation de la fiole H jusqu'à complète immobilité du niveau de l'eau. Dès qu'on n'observe plus de variation, on fixe la réglette de manière que la division 10 corresponde au niveau du liquide. Le tarage de l'instrument est terminé ; une simple lecture nous donnera l'acidité d'un liquide exprimée en acide tartrique et par litre.

Il suffit de recommencer l'opération que nous venons de décrire en opérant sur du moût.

Admettons que le niveau du liquide s'arrête en face de la division 12 de la réglette.

Cela signifie que le moût analysé a une acidité totale équivalente à 12 grammes d'acide tartrique par litre.

La figure 8 montre la position du liquide et du réservoir. Si on veut exprimer cette acidité en acide sulfurique, il suffit de multiplier le chiffre obtenu par 0,653.

La méthode volumétrique gazeuse supprime l'incertitude du virage et elle est à la portée de tout le monde.

Le dosage de l'acidité, ainsi que celui du calcaire, etc., se fait aussi très rapidement à l'aide du calcimètre que j'ai établi pour mon laboratoire (fig. 9) (1).

Il se compose d'un flacon à réaction D de 100 c. c., fermé par un bouchon de caoutchouc qui livre passage à un tube en verre. Celui-ci met le flacon en communication par un tube en caoutchouc i avec la tubulure

---

(1) SÉBASTIAN (V.).— *Guide du fabricant d'alcools et du distillateur-liquoriste*. Alcools, eaux-de-vie, liqueurs. 1 vol. in-8° écu. — Coulet et fils, éditeurs, Montpellier. — Prix franco, 7 fr. 85.

d'affluence F d'une cloche analogue à une burette à robinet.

La réglette graduée se place sur l'éprouvette à pied E, dans l'axe de laquelle la cloche est maintenue par un support à crochet galvanisé *a* et une armature *b* adaptée à la partie inférieure.

Le robinet de la cloche étant ouvert, on introduit d'abord une certaine quantité de bicarbonate de soude, puis un petit tube contenant un volume déterminé du moût à analyser. On bouche le flacon et, à l'aide du robinet R de l'éprouvette à pied E, on règle le niveau de l'eau de façon à ce qu'il affleure le zéro de la graduation de la cloche ; ensuite on ferme le robinet qui se trouve à l'extrémité supérieure de cette dernière. Le flacon D est

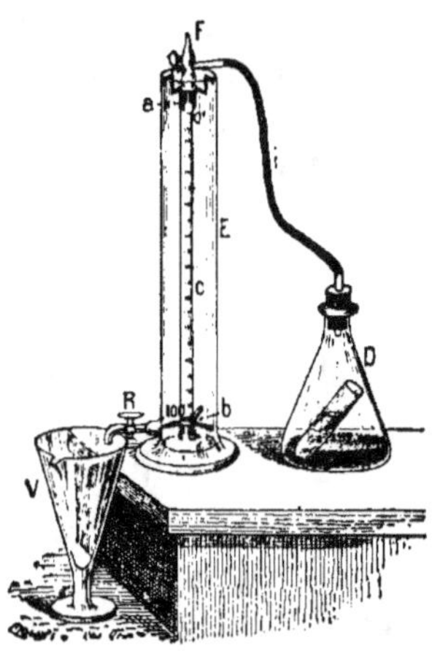

Fig. 9. — Calcimètre Sébastian.

alors saisi avec des pinces à matras, pour éviter l'échauffement des doigts, et incliné de manière à assurer l'écoulement du moût sur le bicarbonate Celui-ci est attaqué par les acides du moût et laisse dégager l'*anhydride carbonique*. Sous l'influence de la pression exercée par ce gaz, le niveau de l'eau baisse aussitôt dans la cloche. On agite le flacon pour que la réaction soit complète.

Lorsque le volume du gaz n'augmente pas au bout de 10 à 12 minutes (la crème de tartre et le bicarbonate de soude agissent assez lentement l'un sur l'autre), on ouvre le robinet R de l'éprouvette E et on recueille dans un verre l'eau qui s'écoule jusqu'à ce que le niveau soit le même dans la cloche et dans l'éprouvette qui représentent en somme deux vases communicants. On lit alors sur la réglette la division tangente à la partie inférieure du ménisque, d'où l'on déduit la quantité d'acide que renferme le moût en expérience.

Il suffit d'ouvrir le robinet et de verser dans l'éprouvette l'eau recueillie pour que l'expérience puisse être recommencée.

Le *tube acidimétrique* de Dujardin-Salleron permet de doser l'acidité d'un moût avec une approximation suffisante pour le praticien (fig. 10).

Il se compose de deux ampoules réunies par un tube gradué. L'ampoule supérieure B est munie d'un orifice qu'on peut fermer hermétiquement à l'aide d'un bouchon de caoutchouc. L'ampoule inférieure sert de récipient : on la remplit du moût frais à essayer jusqu'au trait A gravé un peu au-dessus du col. Ce trait sert de base à la graduation qui s'élève jusqu'à 15. Ensuite on ajoute au moût une ou deux gouttes de teinture alcoolique de phtaléine. Celle-ci, qui est insoluble dans l'eau, surnage en filets blanchâtres, mais cela n'a aucune importance. On verse alors la liqueur alcaline jusqu'au trait 4 ou 5, on bouche le tube et on agite. Si les quelques gouttelettes pourprées qui se forment

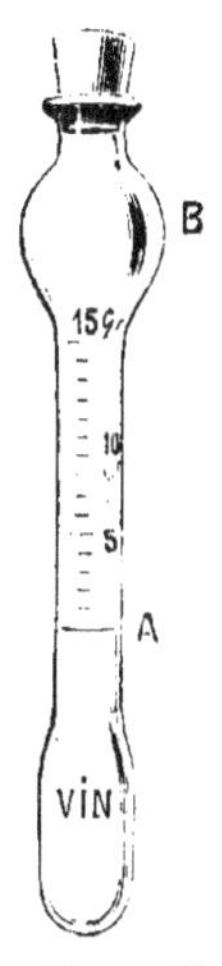

Fig. 10. — Tube acidimétrique Dujardin-Salleron.

disparaissent par l'agitation, on recommence l'opération goutte à goutte jusqu'à ce que l'addition d'une dernière goutte de liqueur alcaline donne une *teinte rosée persistante*. C'est le terme de la réaction On lit alors sur le tube, tenu bien verticalement, quelle est la graduation qui correspond au niveau du liquide.

La liqueur de soude étant préparée de telle sorte qu'elle neutralise exactement, volume à volume, une solution tartrique à 10 grammes par litre, il suffit de lire le niveau final pour connaître la richesse acide exprimée en grammes d'acide par litre.

Le praticien peut préparer une liqueur de soude sensiblement équivalente à celle que les chimistes appellent « solution décinormale de soude », en pesant 8 grammes de soude caustique, dissolvant dans l'eau distillée et portant à 1 litre. On titre cette solution avec 10 c. c. d'une liqueur tartrique fraîche à 15 grammes au litre. Admettons que 10 c. c. 8 de soude amènent la neutralisation des 10 c. c. de liqueur tartrique et notons ces résultats sur l'étiquette du flacon sodique. Si ensuite 10 centimètres cubes de moût sont neutralisés par 8 c. c. 7 de cette même soude, l'acidité de ce moût sera donnée en acide tartrique au litre par $15 \times \dfrac{87}{108}$ ou 12 grammes.

Tannin. — Le tannin joue un rôle important dans la conservation du vin. Les vins rouges en contiennent 1 à 2 gr. 5 par litre. Les vins blancs sont ordinairement très pauvres en tannin et souvent même ils n'en renferment point. C'est pour cela qu'ils prennent difficilement les colles albuminoïdes et qu'ils sont sujets à la maladie de la graisse.

On remédie à cet inconvénient en ajoutant un peu de tannin (5 à 10 grammes par hectolitre) à la cuve ou au vin fait. L'œnotannin Chevallier-Appert est particulièrement recommandable pour le tannisage des vins.

L'expérience directe peut seule donner des indications pratiques dans la qualité des divers tannins. En principe, il faut qu'ils apportent le moins possible d'*odeur*, de *saveur* et de *couleur* au vin. Ils ne doivent contenir aucune impureté capable de troubler la constitution du vin ou de donner des mauvais goûts.

Nous avons analysé deux tannins très purs préparés l'un par Chenal, Douilhet et Cie, l'autre par Salles et Cie, de Paris ; mais pour deux bons échantillons, combien n'en avons-nous pas trouvés de mauvais ! Il faut se défier des tannins qui ont été traités par des corps odorants (éther, alcools méthylique ou amylique, benzine, pétrole), et, d'une façon générale, de tous les tannins trop bon marché !

Le tannin n'existe que dans la rafle ou grappe débarrassée de ses grains, dans les pellicules et principalement dans les pépins. En moyenne, les pépins et la rafle, qui renferment la presque totalité du tannin, apportent à la cuve 100 à 400 grammes de ce corps par 100 kilogr. de vendange.

Le moût, avant toute fermentation avec le marc, ne contient pas de tannin, car celui-ci ne se dissout qu'à la faveur de l'alcool formé et de l'élévation de la température. Le vin de presse est naturellement plus riche en tannin.

CHAPITRE IV

PREPARATION DES LIQUEURS TITREES

(ACIDIMÉTRIE)

Préparation de la liqueur normale de soude. — Une liqueur titrée renferme, généralement, le poids moléculaire du corps par litre d'eau, le volume étant mesuré à 15° centigrades. Cette liqueur s'appelle *liqueur normale*. 100 centimètres cubes de *liqueur normale* étendus à 1 litre à 15° centigrades donnent la *liqueur décinormale*. 10 centimètres cubes de la solution normale de soude étendus à 1 litre forment la *liqueur centinormale*.

La liqueur normale de soude se fait en pesant 31 grammes de soude anhydre (Na^2O) ou 40 grammes de soude caustique sèche (NaOH) : lorsque la liqueur est juste au titre, 1 c.c. de liqueur normale ou 0 gr. 031 de soude sature exactement :

0 gr. 049 d'acide sulfurique monohydraté (SO^4H^2).

0 gr. 075 d'acide tartrique cristallisable ($C^4H^6O^6 + 2H^2O$).

0 gr. 063 d'acide oxalique $C^2O^2(OH)^2$.

0 gr. 022 d'acide carbonique (CO^2).

0 gr. 060 d'acide acétique monohydraté (CH^3CO^2H).

0 gr. 069 d'acide citrique ($C^6H^8O^7 + H^2O$).

0 gr. 188 de crème de tartre ($C^4H^4KHO^6$).

La pesée de la soude devra se faire rapidement, car elle absorbe vite l'humidité de l'air. On la dilue avec de l'eau distillée bouillie, pour chasser l'acide carbonique qui formerait du carbonate de soude (CO^3Na^2).

Le titrage de la liqueur de soude se fait au moyen de l'acide oxalique ou de l'acide sulfurique.

Il est préférable d'employer l'acide oxalique, dont la composition est beaucoup plus constante.

Liqueur normale d'acide oxalique. — L'acide oxalique étant bibasique, on prend la moitié de son poids moléculaire (126), soit 63 grammes. Il faut choisir de beaux petits cristaux obtenus après plusieurs cristallisations — pour les débarrasser de la potasse, de la magnésie et de la chaux qu'ils peuvent renfermer — et séchés dans du papier buvard. La purification s'obtient en saturant d'acide oxalique, 2 à 3 litres d'eau distillée maintenue à 60°. On décante le liquide saturé dans un matras en verre, on porte à l'ébullition et on filtre. La liqueur filtrée, additionnée d'un vingtième de son volume d'acide nitrique, laisse recristalliser l'acide oxalique par refroidissement, tandis que la potasse, la chaux, la magnésie restent dans l'eau-mère sous forme de nitrates. On laisse égoutter les cristaux dans un entonnoir muni d'un tampon de coton, on les lave ensuite avec un peu d'eau froide et on les sèche. On dissout les 63 grammes dans l'eau distillée et on amène le volume à 1 litre à 15° centigrades.

Liqueur normale d'acide sulfurique. — L'acide sulfurique étant bibasique, nous prendrons la moitié de son poids moléculaire (98), soit 49 grammes d'acide monohydraté (SO^4H^2) ou 40 d'acide anhydre SO^3.

Pour préparer la liqueur normale, on prend un poids d'acide pur du commerce un peu supérieur à 49 grammes — 55 grammes par exemple — et on le dilue très lentement dans environ 900 c. c. d'eau, afin d'éviter un trop grand échauffement et, par suite, des projections dangereuses. Le liquide refroidi et bien mélangé, on en prélève 10 c. c. dans lesquels on dose l'acide sulfurique par le sulfate de baryte (SO⁴Ba), en lui ajoutant un excès de chlorure de baryum (BaCl²) pur en solution (150 grammes de BaCl² par litre) :

$$SO^4 H^2 + Ba\, Cl = SO^4\, Ba + 2\, HCl$$

98	Chlorure	233	Acide
Acide	de	Sulfate	chlorhydri-
sulfurique	baryum	de baryum	que

Nous recommandons de faire les opérations en double afin que les résultats se contrôlent l'un par l'autre.

Mode opératoire. — On laisse écouler les 20 c. c. de la liqueur approximative dans un verre de Bohême à bec de 200 c. c. On ajoute à la prise d'essai 25 c. c. d'eau distillée et on porte à l'ébullition sur un bain de sable. Dès que l'ébullition commence, on verse 25 c. c. de la solution chaude de chlorure de baryum. Le précipité se rassemble rapidement en grumeaux. Au bout de quelques minutes d'ébullition, on enlève le verre de Bohême du bain de sable et on laisse déposer le précipité. Une goutte de chlorure de baryum ne doit donner aucun trouble dans la liqueur éclaircie. Si un trouble venait à se produire, il faudrait ajouter quelques centimètres cubes de chlorure de baryum et recommencer le chauffage.

Purification, séparation, lavage, dessiccation du précipité. — On met le dépôt en suspension et on porte à l'ébullition sur le bain de sable. Dès que l'ébullition se déclare, on décante rapidement, sans laisser déposer, sur un filtre plat en papier Berzélius adapté à un entonnoir Joulie de 4 centimètres de diamètre. On reçoit la liqueur filtrée dans un vase de 250 c. c. On lave le précipité resté sur le filtre avec de petites quantités d'eau bouillante jusqu'à ce que la liqueur qui traverse le filtre ne précipite plus le nitrate d'argent.

Quand tout le liquide a filtré, on sèche à l'étuve à air chaud, puis on fait tomber le précipité sur un carré de papier noir glacé. Le filtre est froissé et mis dans une capsule en platine tarée que l'on introduit dans un moufle chauffé au rouge. Si la combustion laisse un résidu charbonneux, on retire la capsule et, après refroidissement, on humecte le résidu avec 2 ou 3 gouttes d'acide nitrique, ensuite avec 2 gouttes d'acide sulfurique.

La capsule est alors portée sur un bain de sable chaud. Lorsque la matière est sèche, on la maintient sur le devant du moufle tant qu'il se produit des vapeurs blanches, puis on chauffe au rouge pendant un moment.

La capsule étant bien refroidie, on y verse le précipité conservé sous cloche sur le papier glacé noir et on calcine une dernière fois. Après 10 minutes, on la sort du moufle, on la place dans un endroit sec et on la pèse quand elle est complètement refroidie.

Sachant que 1 gramme de sulfate de baryte contient 0.420 d'acide sulfurique monohydraté (ou 0.343 d'anhydride sulfurique)

$$\frac{SO^4H^2}{SO^4Ba} = 0.42041$$

les 10 c. c. en contiendront $P \times 0.420$. Or, cette quantité est trop grande dans les conditions où nous avons opéré.

Pour déterminer la proportion d'eau à ajouter par litre de cette liqueur pour la rendre normale, nous ferons le raisonnement suivant :

La liqueur normale est telle que, 0 gr. 49 d'acide sulfurique occupant un volume de 10 c. c., 1 gramme d'acide occupera $\dfrac{10}{0.49}$ et $P \times 0\ 420$ occupera un volume

de $\dfrac{10 \times P \times 0.420}{0.49}$, ce qui peut s'écrire $P \times 8.57$. Donc, en retranchant 10 c. c. du volume calculé, la quantité restante sera le nombre de centimètres cubes à ajouter aux 10 c. c. de la liqueur essayée pour la rendre normale. On opère l'addition sur un plus grand volume de liquide, 500 c. c. par exemple, en multipliant par 50 le nombre de centimètres cubes à ajouter.

Il est toujours prudent de vérifier le titre final de la liqueur par une nouvelle pesée du sulfate de baryte.

Ainsi qu'il a été dit pour la préparation de la liqueur de soude, on obtient la solution décinormale en étendant au litre 100 c. c. de la solution normale.

Titrage de la liqueur de soude. — Maintenant que nous possédons une liqueur oxalique normale et une liqueur sulfurique normale, nous allons pouvoir titrer la liqueur de soude avec l'une ou avec l'autre. Or, l'exactitude du titrage de cette dernière liqueur dépend de l'exactitude du dosage volumétrique de l'acidité. On ne saurait y apporter trop de rigueur.

Titrage par l'acide oxalique. — Donc notre liqueur normale d'acide oxalique renferme exactement 63 grammes par litre, soit 0 gr. 063 par centimètre cube.

Supposons que nous voulions faire tous les essais sur les moûts ou les vins en opérant sur 10 c. c., nous procéderons ainsi : On mesure 10 c. c. d'eau distillée neutre, on y ajoute quelques gouttes de teinture sensible de tournesol :

1° Peser 20 grammes de tournesol et les faire bouillir trois ou quatre fois avec de l'alcool à 85° centésimaux, qu'on en sépare chaque fois par filtration.

2° Laisser le résidu digérer au bain-marie pendant une douzaine d'heures, avec 160 c. c. d'eau distillée. Laisser déposer pendant un temps égal.

3° Filtrer et partager le liquide filtré en deux portions égales.

4° Ajouter *peu à peu* à l'une d'elles de l'acide sulfurique pur étendu jusqu'à virage au rouge, et mélanger ce liquide à l'autre portion qui est bleue. On obtient ainsi un liquide violacé-vineux qui représente l'*indicateur*. Ces quelques gouttes de teinture de tournesol ont pour but de bien montrer la réaction. On y verse lentement une ou plusieurs gouttes de liqueur sodique. Dès qu'il y a un changement de teinte, on touche le papier neutre et on note le nombre de dixièmes de centimètres cubes nécessaires pour donner la raie bleue avec de l'eau.

On mesure 10 c. c. de solution normale de soude avec une pipette jaugée à 2 traits et on laisse couler dans un vase bien propre le volume de liquide qui se trouve exactement compris entre les 2 traits de jauge.

On verse dans ce même vase quelques gouttes de teinture sensible de tournesol.

Remplir la burette graduée avec l'acide azotique normal, puis affleurer au zéro.

Placer le vase renfermant la soude colorée par le tournesol sur une feuille de papier blanc et sous la burette graduée. Verser lentement l'acide en agitant après chaque addition au moyen d'un petit agitateur.

Lorsque la tache rouge qui se forme au point où tombe la goutte disparaît moins rapidement, on n'ajoute l'acide que goutte à goutte.

A un moment donné, une seule goutte d'acide suffit pour faire passer la liqueur sodique à la teinte *pelure d'oignon*. Il faut alors s'assurer que cette teinte persiste même après ébullition.

Arrivé à ce point, on cesse les additions d'acide et on lit sur la burette le volume d'acide oxalique normal qu'on a dû employer pour atteindre ce résultat. Du chiffre trouvé, on déduit le chiffre donné par l'eau distillée et on a le volume de soude nécessaire pour neutraliser 10 c. c. de liqueur oxalique.

Si la liqueur normale de soude est bien au titre voulu, il faut 10 c. c. pour neutraliser les 10 c. c. de solution normale d'acide oxalique, soit 31 gr. de soude anhydre par litre ou 0 gr. 031 par centimètre cube.

Si on verse plus ou moins de 10 c. c. de la solution, on détermine le titre par le calcul et on l'inscrit sur le flacon.

Admettons qu'il ait fallu 11 c. c. de liqueur oxalique normale pour saturer 10 c. c. de soude, c'est-à-dire pour obtenir la couleur rouge pelure d'oignon persistante à l'ébullition, cela indique que ces 10 c. c. contiennent $11 \times 0,031$; puisque 1 centimètre cube de liqueur oxalique normale contient 0,063 d'acide oxalique correspondant à 0,031 de soude, un litre contiendra par suite $11 \times 0,031 \times 100 = 34$ gr. 10.

Une solution oxalique titrée, mais non normale, pourrait servir à ce titrage alcalimétrique par un calcul fort simple, après l'évaluation alcalimétrique : supposons que 10 c. c. d'une solution de soude aient exigé 5 c. c. 25 de solution oxalique contenant 0,06 d'acide oxalique par centimètre cube, ces 10 c. c. correspondent à 5 c. c. $25 \times 0,06 = 0,3150$ d'acide oxalique et un litre correspond à $0,3150 \times 100 = 31,50$.

Or, 63 d'acide oxalique correspondant à 31 de soude, 31,50 d'acide oxalique correspondront à x

$$d'où\ x = \frac{31 \times 31.50}{63}$$

Titrage par l'acide sulfurique. — On mesure 10 c. c. de la liqueur sulfurique et on opère comme il a été dit pour l'acide oxalique. C'est la phtaléine qui sert d'indicateur. On étend avec de l'eau au volume voulu et on s'arrête à la coloration rose persistante.

Il faut avoir soin d'essayer au préalable le même réactif avec de l'eau distillée. La quantité de soude versée avec l'eau distillée est retranchée de celle qui est employée pour l'acide sulfurique ; on a ainsi le volume de la liqueur de soude nécessaire pour neutraliser la liqueur sulfurique. Si on a versé 10 c. c., la liqueur est exacte, mais généralement on verse un peu plus. Il est préférable, en effet, de forcer un peu la proportion normale de soude lorsqu'on prépare la liqueur, car il est beaucoup plus facile de corriger en ajoutant de l'eau que de la soude. Supposons que nous ayons versé 9,5 de liqueur de soude :

Nous aurons donc 9,5 = 10

Si on ajoute de l'eau 0,5

on aura 10,0 = 10

On prendra donc 95 c. c. ou 950 c. c. de liqueur sodique et on ajoutera 5 c. c. ou 50 c. c. d'eau pour faire 100 c. c. ou 1 litre suivant le cas.

Conservation des liqueurs normales. — La solution d'acide oxalique se conserve facilement : il suffit de la renfermer dans un flacon bouché à l'émeri.

Mais certaines solutions, notamment la liqueur de soude, ont une tendance à se décomposer. Cette dernière se carbonate facilement sous l'influence de l'acide carbonique de l'air, et c'est pour parer à cet inconvénient que nous avons imaginé le flacon-burette automatique dont le croquis figure dans mon Traité : *Les Vins de Luxe* (1).

Cette burette B est divisée en dixièmes de centimètre cube. Elle communique avec le flacon A qui contient la liqueur de soude. Une poire en caoutchouc E que l'on presse fait monter la liqueur titrée par le tube T et le

---

(1) SÉBASTIAN (V.). — *Les Vins de Luxe*. Manuel pratique pour la préparation des vins de liqueur et des vins mousseux. 1 vol. in-8° écu. — Coulet et fils, éditeurs, Montpellier. — Prix franco, 6 fr.

déverse dans la burette B. Lorsque le liquide arrive dans la partie renflée *i* qui surmonte la burette, on cesse de presser la poire en caoutchouc, et le tube T formant siphon aspire l'excès du liquide au-dessus du zéro ; son

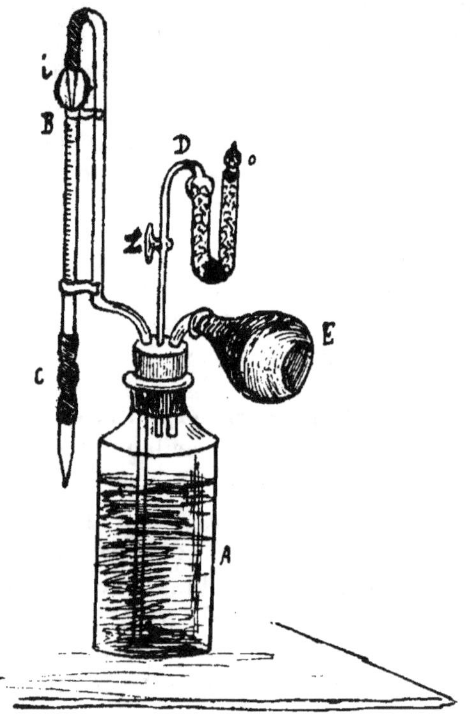

Fig. 11. — Burette automatique Sébastian.

extrémité effilée, que l'on voit dans le renflement, est en effet disposée de façon à rendre automatique la mise au zéro. La burette s'ajuste donc pour ainsi dire d'elle-même et sans tâtonnement.

Au lieu d'un tube en U garni de chaux sodée, nous préférons un tube à deux boules de verre P P' communiquant entre elles et munies chacune d'une tubulure.

Dans la première boule P, on introduit de l'acide sul-

furique monohydraté, puis on bouche la tubulure avec
un bouchon en caoutchouc traversé par un tube en verre
effilé mince.

Dans la seconde boule P', on met des fragments de
soude ou de potasse caustique et on bouche la tubulure
hermétiquement.

Un robinet permet de fermer la communication entre
le flacon et les deux boules. Ce robinet est placé en Z
dans la figure 11.

On ferme le robinet pour envoyer la liqueur de soude
dans la burette et l'ajuster au zéro, ensuite on l'ouvre
avant de pratiquer le dosage.

L'air aspiré par le vide formé par le liquide qui s'écoule
passe à travers le tube effilé de la boule P, où il se dé-
barrasse de son humidité. En traversant la boule P', il
abandonne son acide carbonique. De cette façon, la
liqueur sodique ne peut s'altérer.

A défaut de flacon-burette automatique, il faut avoir
soin de fractionner la liqueur dans des petits flacons de
100 c. c. bouchés à l'émeri ; le bouchon étant recouvert
d'un caoutchouc.

CHAPITRE V

DIFFERENTS SUCRES — ANALYSE DES SUCRES

Les sucres en pains sont d'une grande pureté, mais leur goût est neutre à cause du mode de travail employé pour les purifier.

Voici trois analyses de sucres en pains.

	NANTES	MARSEILLE	PARIS
	cannes	cannes	betteraves
Saccharose	99.70	99.70	99.75
Sucres réducteurs. . . .	0.10	0.14	0.05
Cendres	0.06	0 02	0 04
Eau	0.10	0.05	0.10
Matières organiques. . .	0.04	0.09	0.05

Les œnologues et les praticiens champenois, qui ont une grande expérience des divers sucres employés à la fermentation en bouteille pour produire la mousse, disent qu'il faut accorder la préférence au *sucre de canne*. Celui-ci donnerait seul, par fermentation, un alcool fin dont l'arome se marie bien avec celui du vin et les éléments du bouquet. Le sucre de betterave et les autres sucres donnent au vin un goût douteux. D'après eux, le sucre de betterave, si bien raffiné qu'il soit, ne peut guère servir que pour les vins communs.

Ces observations méritent l'attention de ceux qui produisent des vins fins et des mousseux distingués. Il est admis que les vins auxquels on ajoute du sucre de betterave au moment du tirage ont un parfum spécial et un goût particulier empreint d'âcreté. Ces défauts proviennent assurément des impuretés caractéristiques du sucre dont la proportion, quoique très faible dans les sortes bien raffinées, suffit pour diminuer d'une façon appréciable la franchise du bouquet.

De même dans les liqueurs d'expédition, la différence de qualité est très sensible entre les sucres de canne et les sucres de betterave. Cette différence, très appréciable au moment où l'on ajoute la liqueur au vin, va en s'accentuant par la suite. Il semble que les corps étrangers, introduits par les traces d'impuretés qui existent dans les sucres les mieux raffinés, réagissent et exaltent leur influence défavorable au contact des acides et de l'extrait des vins en dégageant des aromes désagréables, à tel point qu'au bout de quelques mois les défauts sont encore plus marqués.

Un essai comparatif des sucres permet de se rendre compte pratiquement de leurs qualités organoleptiques. On fait dissoudre 5 grammes de sucre de canne et de sucre de betterave dans deux verres de même contenance aux trois quarts pleins d'eau pure, on marque sur l'un : *canne* et sur l'autre *betterave*. On agite avec une petite cuillère d'argent afin d'obtenir un mélange homogène lorsque le sucre est fondu, puis on couvre les verres avec une feuille de papier afin d'éviter la poussière. Au bout de quarante-huit heures on déguste les deux échantillons : on reconnaîtra alors aisément la supériorité du sucre de canne sur celui de betterave. La solution de sucre de canne est d'un goût plus fin et plus agréable que l'autre. Cette différence caractéristique est encore plus sensible dans les vins mousseux après un certain laps de temps.

Les observations qui précèdent n'ont qu'une importance secondaire lorsqu'il s'agit du sucrage des vins ordinaires de consommation courante ou des gros vins communs de coupage, car il y a beaucoup plus de buveurs que de connaisseurs, mais il faudrait se les rappeler pour le sucrage des moûts distingués ainsi que pour la préparation des vins de liqueur et des vins mousseux de cru.

Sucres employés à la vendange. — Les différentes sortes de sucres employés pour le sucrage des vendanges ou des vins faits sont les suivantes : sucres candis, cristallisés de canne et de betterave, sucres en pains.

Le meilleur sucre est le sucre le plus pur, c'est-à-dire le sucre raffiné vendu sous forme d'irréguliers, de pilés et de poudres. Ces sucres titrent d'ordinaire entre 98 et 99°8 saccharimétriques.

Le commerce classe les *saccharoses* d'après leur aspect envisagé sous trois rapports différents : la richesse cristalline, la nuance, la proportion d'eau ou le degré d'humidité, et les divise en deux groupes : les *sucres bruts* et les *sucres raffinés*.

Sucres bruts. — Les *sucres bruts* sont naturellement moins purs que les sucres raffinés : ils possèdent un arome spécial que l'on retrouve dans les vins. Nous conseillons de les rejeter même pour le sucrage des vins ordinaires.

Nous avons analysé un échantillon de sucre de canne (Martinique) d'une blancheur analogue à celle du type N° 3 de la Bourse de Paris, voici les résultats obtenus : degré polarimétrique 99,10 ; glucose 0,07 ; eau 0,18 ; inconnu 0,51.

Sucres raffinés. — Les sucres raffinés proviennent de la clarification et de la décoloration des sucres de betterave ou de canne par l'albumine et le noir animal. Ils sont livrés au commerce en pains coniques avec ou sans sommets, d'un blanc opaque ou légèrement bleuâtre, à structure cristalline. Ces pains sont d'autant plus durs et sonores que le sucre est plus pur. Le premier choix forme le sucre dit *royal*. On désigne sous le nom de *quatre cassons* les pains de 6 à 10 kilogrammes ; *trois cassons*, les pains de 3 à 4 kilogrammes : *caboches*, les pains dont le sommet est arrondi.

La valeur commerciale des sucres se détermine d'après leur rendement en sucre pur, fixé par l'ensemble des essais saccharimétriques dont nous parlerons plus loin.

Le sucre cristallisable pur ($C^{12}H^{22}O^{11}$) ou saccharose est composé sur 100 parties de : *carbone* 42,10 ; hydrogène 6,43 ; oxygène 51,47.

En dehors de cette composition théorique, le sucre raffiné contient quelques traces de substances minérales.

Il est à remarquer que les sucres bruts de betteraves sont toujours *alcalins, pauvres en glucose* (0,1 p. 100), mais relativement riches en principes minéraux (1 à 3 p. 100), tandis que les sucres bruts de canne sont toujours acides et renferment de 1 à 7 ou 8 p. 100 de glucose. La proportion de sels minéraux ne dépasse pas 1,20 p. 100.

Généralement, les sucres de qualité inférieure sont *azurés*, c'est-à-dire qu'on leur donne une teinte bleue pour masquer leur coloration plus ou moins bise, car la consommation exige des sucres très blancs. L'azurage se fait le plus souvent à l'*outremer* ; mais il est dû quelquefois à des colorants dérivés de l'aniline interdits par les ordonnances de police basées sur les rapports du

Conseil d'hygiène publique. A titre exceptionnel, il est permis d'utiliser plusieurs couleurs dérivées du goudron de houille à la coloration des bonbons, des pastillages, des sucreries ; parmi les couleurs bleues nous citerons : le *bleu de Lyon* ou *bleu alcool*, *bleu lumière*, *bleu Coupier* (dérivés amidés du triphénilméthane).

Les qualités inférieures du sucre raffiné se nomment : *lumps*, *bâtardes* et *vergeoises*.

Les lumps et les bâtardes sont de gros pains tronqués dont le poids varie de 8 à 15 kilogrammes. Les premiers sont blancs ou tachés. Leur grain est gros et creux ; les secondes, toujours tachées et humides, sont d'une qualité moins bonne ; les *vergeoises*, de couleur jaunâtre plus ou moins foncé et d'une saveur de mélasse, constituent la dernière sorte de sucre raffiné ; elles sont vendues pulvérulentes sous le non de *cassonade*.

Les *cassonades* des raffineries de sucre de canne sont utilisables pour le sucrage des vins. On doit réserver les belles nuances pour les vins ordinaires et les qualités secondaires pour les vins communs ou médiocres.

Les *mélasses* doivent être rejetées, surtout celles qui proviennent de la betterave. La fermentation des mélasses de cannes laisse une proportion de matière non fermentée variant avec la nature même des mélasses (environ 1,5 à 4 o/o du poids de la mélasse). Comme les sucres réducteurs, qui sont principalement formés de lévulose, de dextrose, de mannose, etc., atteignent 12 à 25 o/o de la mélasse, il s'ensuit qu'il y a peu de réducteurs non fermentescibles, en admettant que ces réducteurs qui restent ne proviennent nullement du sucre cristallisable, ce qui n'est probablement pas exact, puisque avec du sucre cristallisable seul ou inverti on a parfois, après fermentation, encore une petite production de réducteurs.

Solubilité du sucre dans l'eau pure de 0 à 100° C.

Température en degrés centigrades	SUCRE o/o	DEGRÉ BAUMÉ		DENSITÉ GAY-LUSSAC	
		à la température observée	à + 15° C.	à la température observée	à + 15° C.
0	64.18	35.30	34.60	132.35	131.50
5	64.87	35 35	34 90	132.43	131.90
10	65.58	35.45	35 20	132.55	132.25
15	66.33	35.50	35.50	132 60	132.60
20	67.09	35 60	35 75	132 75	132.90
25	67.89	35.80	36.25	133.00	133 55
30	68 70	36 00	36.70	133 25	134.05
35	69.55	36 20	37 10	133 50	134.60
40	70.42	36 40	37.50	133.75	135.10
45	71 32	36.75	38 10	134.10	135.90
50	72.25	37.10	38.70	134.60	136.60
55	73.11	37.50	39.30	135 10	137.40
60	74.30	37.90	39.90	135 60	138.20
65	75 10	38.30	40.55	136.15	139 10
70	76 20	38 60	41.10	136 50	139 80
75	77.40	39.00	41.70	137.00	140 60
80	78.50	39.30	42.20	137 40	141.30
85	79.70	39.65	42 80	137.90	142.20
90	80.80	39 95	43 30	138.20	142.90
95	81.80	40 10	43 70	138 50	143.40
100	82.97	40.30	44.10	138.75	144.00

Le point d'ébullition d'une solution sucrée est d'autant plus élevé qu'elle contient plus de sucre.

Une solution à 10 o/o entre en ébullition à 100°4 C.

—	20	—	100°6 —
—	30	—	101°0 —
—	40	—	101°5 —
—	50	—	102°0 —
—	60	—	103°0 —
—	70	—	106°5 —
—	80	—	112°0 —
—	90.8	—	130°0 —

A l'état de pureté, le sucre cristallisable ou saccharose constitue le *sucre candi* en prismes rhomboïdaux obliques, plus ou moins volumineux, terminés par des sommets dièdres et portant des facettes hémiédriques.

On obtient du sucre candi blanc, paille ou roux, c'est-à-dire plus ou moins pur, suivant qu'on le prépare avec du sucre en pain, du sucre de betterave en grains ou de la cassonade.

Les sucres candis blancs sont naturellement très purs; ils se composent presque entièrement de saccharose.

Analyse des sucres candis

	CANDIS BLANCS bien maillés	MAILLETTES	CANDIS FRISÉS	CANDIS roux foncés
Saccharose . .	99.40 à 99.75	99.30 à 99.45	99.30 à 99.50	98.40
Sucres réducteurs	0.10 à 0.14	0.15 à 0 20	0.15 à 0.25	0.83
Cendres. . . .	0.05 à 0.10	0.06 à 0.10	0.07 à 0.11	0 14
Eau	0 06 à 0.14	0.20 à 0.24	0 26 à 0.37	0.35
Matières organiques. . . .	0.05 à 0.13	0.05 à 0.10	0.07 à 0.15	0.28

Les *sucres cristallisés des raffineries de sucre de canne* sont d'une très grande pureté, mais ils ne possèdent pas à un si haut degré, l'arome spécial des candis recherché par les Champenois. Cet arome provient d'une manière de travailler particulière qui a pour but de transformer une partie du sucre en produits glucosiques doués d'un parfum et d'une saveur agréables. Ces produits, classés dans les *impuretés*, jouent un très grand rôle, au point de vue du bouquet, dans la préparation des vins de Champagne.

Les sucres cristallisés des raffineries de sucre de canne

se composent de cristaux détachés, réguliers, ayant environ 2 à 3 millimètres de longueur. Leur analyse donne 99,50 à 99,80 de saccharose, 0,13 à 0,20 de sucres réducteurs et seulement 0,03 à 0,04 de cendres.

Glucoses. — Le glucose (*dextrose ou sucre de raisin*) se rencontre dans un grand nombre de fruits, dans le raisin en particulier, ce qui lui a fait donner le nom de *sucre de raisin*.

On le trouve rarement à l'état de pureté, il est le plus souvent associé à d'autres sucres, tels que le lévulose et le saccharose.

On fabrique le glucose industriellement en faisant agir l'acide sulfurique étendu sur l'amidon. On nomme l'opération *hydrolyse*, parce qu'elle a pour effet une fixation d'eau sur la molécule sucrée et ensuite son dédoublement en produits de composition plus simple.

L'acide sulfurique étendu à 1.50 o/o environ est porté à l'ébullition, puis on y ajoute de la fécule délayée dans son poids d'eau tiède ; on maintient l'ébullition pendant quelques minutes. On sature l'acide avec de la craie, on décante, on filtre sur du noir animal. On évapore dans le vide quand la liqueur refroidie marque 40° Baumé, on laisse cristalliser. On purifie les cristaux par plusieurs cristallisations dans l'alcool.

Dans ces conditions, on n'obtient jamais un produit pur : il contient rarement plus de 70 o/o de glucose. En opérant sous pression à 108 degrés après quatre heures de chauffe, on peut arriver à un produit ne contenant que 10 o/o de dextrines. Il est cependant possible de séparer les dextrines du glucose par le repos en vase et le turbinage.

Comme nous l'avons déjà dit, dans cette réaction, l'amidon fixe de l'eau et donne de la dextrine, puis du glucose. Théoriquement, 100 parties d'amidon anhydre devraient fournir 111.11 de glucose anhydre, mais dans la pratique on n'obtient jamais pareil résultat.

En France et en Angleterre, le terme *glucose* désigne le *dextrose* ou *sucre d'amidon*, tandis qu'en Amérique, le dextrose est appelé *sucre de raisin*, le mot glucose étant uniquement appliqué au sirop épais et visqueux qui résulte de l'hydrolyse incomplète de l'amidon par les acides. Ce sirop, très répandu dans le commerce, est un mélange de dextrose, maltose et dextrine en proportions variables.

On sait que lorsqu'un empois d'amidon fluide est chauffé avec les acides dilués, les transformations qui se produisent sont analogues à celles que présente l'action de la diastase. Il y a pourtant cette différence que les sirops obtenus par l'action des acides renferment du maltose ou diglucose ($C^{12}H^{22}O^{11}+H^2O$), du dextrose ($C^6H^{12}O^6$) et de la dextrine, tandis que les produits de l'action diastasique sont uniquement le maltose et la dextrine. Le maltose est un sucre très important au point de vue industriel : c'est le sucre du moût de bière.

La diastase proprement dite ou amylase est extraite de l'infusion de malt et précipitée par l'alcool.

Les conditions d'un maximum dans la production du maltose, sous l'action de la diastase, maximum qui ne peut excéder 80 o/o de la substance sèche traitée, sont résumées dans le maintien d'une température convenable pendant un laps de temps suffisant. Au contraire, les phénomènes de la conversion de l'amidon par les acides sont indépendants de la quantité et de la nature de l'acide, aussi bien que des variations de température qui influencent seulement la vitesse de la transformation.

Les *dextrines* ont même composition centésimale que l'amidon ; elles possèdent un pouvoir rotatoire droit égal à celui de l'amidon ; cependant, certaines d'entre elles réduisent la liqueur de Fehling par suite de la présence d'un groupe carbonyle libre ; elles sont privées de pouvoir réducteur ; traitées par la diastase, elles fournissent, toutes choses égales, des quantités variables de maltose. Celles qu'on a pu soumettre avec sécurité à l'étude cryoscopique possèdent un même poids moléculaire correspondant à la formule $(C^{12}H^{20}O^{10})^{20}$.

La solubilité des dextrines dans l'alcool aqueux est d'autant plus grande que leur poids moléculaire est moins élevé.

Les dextrines dissoutes dans l'alcool à 70 o/o sont des achroodextrines. Les dextrines qui restent en solution dans l'alcool à 25 o/o, mais sont précipitées par l'alcool à 40 o/o, sont des amylodextrines. Les dextrines qui restent en solution dans l'alcool à 55 o/o, mais précipitent par l'alcool à 65 o/o, sont des érythrodextrines.

Il est impossible de dire combien il y a de dextrines, car nous ne connaissons aucun moyen pour séparer avec certitude des corps aussi voisins dans leurs propriétés. Comme nous venons de l'indiquer, le seul procédé pratique de séparation, c'est la précipitation par l'alcool.

En France, le glucose se trouve dans le commerce sous plusieurs formes : soit à l'état liquide sous le nom de : sirop de fécule, sirop cristal, etc., soit sous forme solide : glucose massé, cristallisé.

Sa composition est très variable, mais à l'heure actuelle, il n'existe aucun glucose commercial contenant moins de 8 à 10 o/o de dextrines.

Le *glucose massé* a été souvent offert aux viticulteurs de tous les pays sous les noms plus ou moins suggestifs de sucre de raisin, sucre de vendange. Les bonnes qualités renferment en moyenne 10 o/o de dextrines, 70 glucose, 20 eau.

Les *glucoses liquides*, préparés en vue de la fabrication des liqueurs, sirops, confitures, etc., contiennent jusqu'à 40 o/o de dextrines. Leur emploi dans la vinification serait absolument désastreux. Indépendamment des mauvais goûts contractés, le vin, d'une limpidité toujours douteuse, serait sujet à de nombreuses maladies bactériennes à cause de la dextrine en solution.

Les glucoses, même le glucose massé commercial, doivent être absolument rejetés pour le sucrage des vins. La proportion de dextrine que ce dernier renferme n'offre des avantages que pour la fabrication de la bière, tandis qu'elle offre de graves inconvénients pour la vinification. La bière renferme naturellement des dextrines, mais les vins naturels n'en renferment point. Donc, la présence de la dextrine suffit à caractériser une sophistication.

La loi des glucoses, réduisant le droit à 5 fr. 60, leur applique rigoureusement les règlements des sucres, et tout emploi de glucose *doit être* poursuivi.

Donc, sous tous les rapports, c'est-à-dire au point de vue fiscal comme au point de vue œnologique, l'emploi des glucoses, sous quelque nom qu'on les présente, ne sauraient être recommandé.

Sans doute, le glucose pur, en grains blancs opaques, pourrait jouer un rôle dans la vinification, mais les transformations nécessaires sont difficiles à réaliser d'une façon économique ; d'autre part, les fabricants de glucose exercés en permanence par la régie ne se risqueraient pas à créer un matériel nouveau et coûteux, sous le coup d'une loi qui prohibe absolument leurs produits.

M. Degrully a émis l'idée, dans le *Progrès agricole*, de remplacer le sucre de betterave ou de canne par le sucre de raisin quand il s'agira de la chaptalisation ou sucrage des vins. De cette façon, le vin obtenu répondrait rigoureusement à la définition : « Produit exclusif de la fermentation du raisin ».

M. Roos, directeur de la Station œnologique de l'Hérault, a développé cette question en un article documenté.

Pour faire du sirop de raisin, il suffit de concentrer le

moût jusqu'à une densité de 36° Baumé environ. A ce dégré, la fermentation n'est plus à craindre.

On peut obtenir des concentrés blonds madère ou rouges, en opérant, dans le premier cas, sur le moût seul ; dans le second, sur la vendange égrappée. Lorsque le chauffage a dissous la matière colorante dans le jus, on sépare le liquide des pellicules ou peaux du raisin et la concentration se poursuit comme dans le cas du moût blanc.

A 36 degrés, dit M. Roos, un sirop de sucre pur contient environ 68 o/o de sucre en poids ; mais, comme le litre pèse 1340 grammes, cela fait, pour 1 litre, 900 grammes de sucre en chiffres ronds.

On peut donc, sous le volume d'un hectolitre, avoir 90 kilos de sucre en solution.

Les conclusions du savant directeur de la Station œnologique méritent d'être citées. Pendant les années de grande abondance, on pourrait se livrer à la concentration des moûts en vue de la fabrication du sirop de raisin. Cette nouvelle industrie paraît toute indiquée en Algérie, puisque le raisin ne s'y paie pas, année courante, plus de 7 à 8 francs les 100 kilos, ce qui met à 10 francs le prix de l'hectolitre de moût.

Les frais d'une fabrication véritablement industrielle ne sont pas trop élevés. Nous estimons, à ce propos, qu'il ne faut pas lésiner sur les frais occasionnés par la construction d'un appareil à concentrer, car toute la perfection du travail en dépend.

L'appareil dont j'ai donné le croquis et la description dans le *Progrès agricole et viticole* (1901), ou un appareil analogue, conviendrait particulièrement.

Il faut enlever trois hectolitres d'eau pour obtenir 80 kilos de sucre. Or, la sucrerie doit enlever 9 hectolitres d'eau pour la production de 100 kilos de sucre.

Celle-ci dépense 45 ou 50 centimes par hectolitre évaporé.

Si nous admettons, pour l'opération vinicole, le prix exagéré de 2 francs par hectolitre, l'hectolitre de sirop de raisin reviendra à :

4 hectolitres de moût à 10 fr.........   40 fr.

Extraction de 3 hectolitres d'eau à 2 fr.   6 fr.

                            46 fr.

Comptons largement les choses et mettons 60 francs rendu en France, bénéfices du fabricant et transport compris.

Pour 60 francs nous disposerons donc de 80 kilos de sucre de raisin accompagné de toutes les substances utiles à la constitution du vin et à la nutrition des ferments.

Ces 80 kilos de sucre de raisin fourniront par la fermentation 45 litres 1/2 d'alcool. Le prix du litre d'alcool ou, ce qui revient au même, du degré, ressortira donc à *60 francs*, prix d'achat divisé par 45,5 alcool produit, soit 1 fr. 32.

Sans doute, ce prix est sensiblement supérieur à celui du sucrage par le sucre de betterave, mais nous estimons qu'il pourrait être réduit. Il justifierait alors l'adoption du sucre de raisin pour la chaptalisation. Avec le sucre de raisin, plus d'interversion, plus d'additions coûteuses à faire pour équilibrer le produit.

Bien entendu, il faudrait, autant que possible, opérer le sucrage avec des « concentrés » provenant du même cru ou d'un cru analogue (?).

Mais il est à craindre que si l'industrie du sirop de raisin se crée, le gouvernement, qui a toujours témoigné tant de sollicitude pour le sucre de betterave, ne s'empresse de l'étouffer sous les réglementations fiscales.

Analyse des sucres. - L'analyse commerciale d'un sucre (saccharose) comprend le dosage de l'humidité, le dosage des cendres, le dosage du saccharose, le dosage du glucose.

A ce propos, nous relaterons *les règles à observer pour faire les pesées* (fig. 12.) :

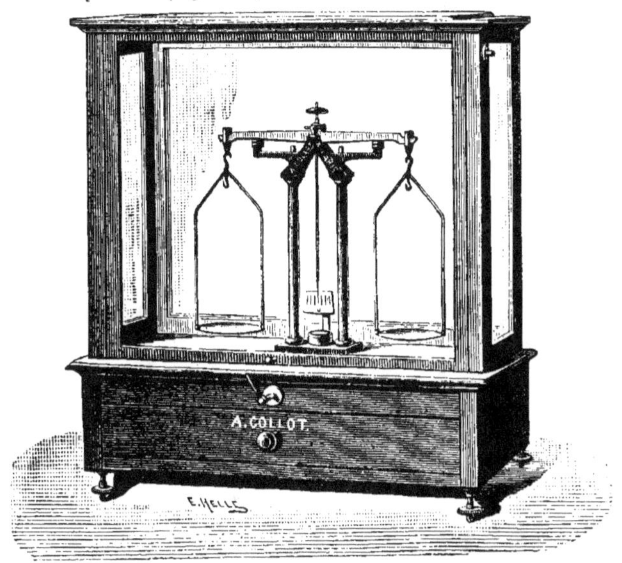

Fig. 12. — Balance de précision Collot.

1° Jamais le corps à peser, à moins que ce ne soit un morceau de métal, ne doit être posé directement sur le plateau de la balance, mais dans un vase en verre, en porcelaine ou en platine. Il faut avoir soin que ce vase soit propre et non humide :

2° Il ne faut jamais mettre ou enlever les corps à peser ou les poids sans que la balance soit arrêtée :

3° Il ne faut jamais peser un objet quand il est chaud ;

4° Les substances qui absorbent facilement l'humidité de l'air devront être pesées ans des vases fermés ;

5° On place le vase à peser sur le plateau gauche, et sur le plateau droit on met un poids qui correspond approximativement au poids du vase : par exemple 10 grammes. On retire les arrêts, l'aiguille penche vers la gauche ; le poids est donc trop fort. On *arrête* la balance, on enlève les 10 gr. et on pose 5 gr. L'aiguille penche vers la droite, donc les 5 gr. ne suffisent pas. On met 2 gr., c'est trop. On enlève les 2 gr. et on met le poids de 1 gr. C'est trop peu. Par conséquent, le poids doit se trouver compris entre 6 et 7 gr.

On continue ensuite de la même manière avec les décigrammes, puis avec les centigrammes et enfin avec le *cavalier* jusqu'à ce que les oscillations de l'aiguille soient égales à droite et à gauche. On peut aussi prendre la moyenne entre deux positions très rapprochées du cavalier. Si le cavalier se trouvant sur la division 40, l'aiguille penche un peu vers la gauche, puis autant vers la droite lorsque le cavalier est sur la position 36, le poids de l'objet correspond à la position 0,0038 gr. qu'il faut ajouter au poids qui se trouve sur le plateau. On pèse toujours pour les analyses jusqu'à la quatrième décimale ;

6° On ne saurait prendre trop de précautions pour écrire les pesées. On fera bien de compter les poids d'après les vides dans la boîte, puis de les contrôler en les remettant en place ;

7° Le poids mis sur un plateau des balances analytiques ne doit pas dépasser 75 gr.

1° *Dosage de l'humidité*. — On pèse 4 grammes de sucre dans une capsule de porcelaine ou de platine tarée.

On porte à l'étuve à 110° pendant 2 heures.

On laisse refroidir et on effectue une première pesée. On replace aussitôt à l'étuve pendant une demi-heure, puis on pèse de nouveau. Si les deux pesées concordent, on multiplie la perte de poids par 25 pour avoir l'humidité pour 100 grammes.

2° *Dosage des cendres.* — Le sucre desséché, ayant servi au dosage de l'humidité, est additionné de 1 centimètre cube d'acide sulfurique dilué, de manière à le mouiller complètement : il prend rapidement une teinte noirâtre.

On place la capsule devant le fourneau à moufle afin de laisser « charbonner » la masse. Quand les fumées blanches de l'acide ont cessé, la capsule est introduite dans le moufle et chauffée sans dépasser le rouge sombre.

Lorsque tout le charbon est brûlé, ce qui exige une heure et demie environ, on laisse refroidir. Il faut que la cendre soit blanche.

Peser l'augmentation du poids de la capsule. Le poids trouvé est multiplié par 0,9 pour tenir compte de l'acide sulfurique ajouté qui a transformé les sels en sulfates, et multiplié ensuite par 15 pour avoir la proportion de cendres contenues dans 100 grammes de sucre essayé.

3° *Dosage du saccharose.* — La prise d'essai dans l'analyse des sucres, primitivement fixée à 16 gr. 19 par MM. Girard et de Luynes, vient d'être corrigée. MM. E. Mascart et H. Bénard, chargés de ce travail par une Commission nommée par le ministre des finances, ont cherché le pouvoir rotatoire d'une solution sucrée pour la lumière jaune du sodium. Cette mesure a été faite à l'aide d'un polarimètre construit par M. Pellin et susceptible d'une grande précision ; on s'est adressé à du sucre de raffinerie aussi pur que possible.

Le pouvoir rotatoire étant déterminé, on en a déduit pour la prise d'essai le chiffre 16 gr. 29. Il faut observer que la température de la solution doit être de 20° centigrades et que le volume de cette solution doit être amené à 100 centimètres cubes à cette même température. Le tube du polarimètre doit avoir exactement 20 centimètres de longueur et la lecture doit être faite à 20 degrés ou à une température aussi voisine que possible. Le degré saccharimétrique observé est trop faible ou trop fort, selon que la température est inférieure ou supérieure à 20°; pour le corriger, la température d'observation étant t, on devra multiplier le chiffre obtenu par le coefficient $1 \pm 0,00045 \, (t - 20)$.

D'autre part, M. H. Pellat, qui, sur la demande de la Commission pour l'unification des méthodes d'analyse des alcools et des sucres du ministère des finances, avait entrepris de déterminer la valeur de la prise d'essai et la variation du pouvoir rotatoire du sucre avec la température et avec la longueur d'onde de la lumière employée, a trouvé une légère différence à la valeur (16 gr. 29) indiquée par les précédents expérimentateurs.

La prise d'essai est définie la masse de sucre pur que doivent contenir 100 centimètres cubes d'une dissolution à 20° pour qu'une colonne de 20 centimètres, à cette température, fasse tourner le plan de polarisation de la raie D du sodium de 21°67.

L'auteur a opéré avec des précautions minutieuses et un appareil construit spécialement à cet effet ; il a opéré sur un sucre industriel très pur, fournissant à l'analyse 0,00063 de cendres et provenant de la même fabrique que le sucre employé par MM. Mascart et Bénard.

M. Pellat a trouvé pour le pouvoir rotatoire du sucre à 20° le chiffre 66°536, tandis que MM. Mascart et Bénard indiquent 66°538. Si l'on tient compte de la très petite quantité de cendres, la prise du sucre doit être, par conséquent, de 16 gr. 275, soit 16,28 en chiffres ronds.

On fait la correction de température par la formule :

$$R_{20} = R \, [1 + 0,00037 \, (t - 20)]$$

où *t* est la température et R la rotation observée à cette température.

Mode opératoire. — 1° On pèse donc 16 gr. 29 de sucre à analyser. On les verse dans un entonnoir en verre disposé au-dessus d'un ballon gradué de 100 centimètres cubes. On dissout le sucre à l'aide de 40 centimètres cubes d'eau chaude versée peu à peu, de façon à faire tomber tout le sucre adhérent aux parois.

2° Agiter jusqu'à ce que le sucre soit complètement dissous.

3° Si la solution est colorée, on y ajoute 1 à 5 centimètres cubes de sous-acétate de plomb, selon la couleur plus ou moins accentuée de la solution, et un peu de sulfate de soude pour précipiter l'excès de sous-acétate de plomb, ou bien autant de centimètres cubes de carbonate de soude qu'il y a de centimètres cubes de sous-acétate.

4° Compléter à 100 centimètres cubes à la température de 15° environ avec de l'eau distillée. Agiter pour rendre homogène et filtrer. On fait disparaître les bulles d'air avec une goutte d'éther sulfurique.

5° Le liquide filtré doit être limpide. On le verse dans un tube du polarimètre (tube saccharimétrique) de 20 centimètres de long, en ayant soin de rincer l'intérieur de ce tube 2 ou 3 fois avec le liquide à examiner, en rejetant chaque fois le liquide de lavage. Le tube de 22 centimètres s'emploie lorsqu'on a interverti.

Quand le tube est plein et que le liquide déborde, en formant un ménisque convexe très accentué, on glisse horizontalement la glace circulaire sur le plan supérieur de l'orifice du tube, de façon à fermer celui-ci sans emprisonner de bulles d'air, puis on fixe la garniture métallique en ayant soin de ne pas comprimer le verre. On agite le tube pour éviter la formation des stries.

6° On porte le tube au saccharimètre.

Naturellement, il faut d'abord s'assurer si l'appareil est bien réglé au zéro par un examen à blanc.

Voici comment s'opère le réglage :

On dévisse un des bouchons du tube de 20 centimètres, on retire le galet ou glace et, tenant verticalement ce tube, on le remplit d'eau distillée, en laissant déborder le liquide ; on glisse le galet de verre de manière à trancher la calotte sphérique du liquide, on revisse le bouchon et on met le tube à la place qu'il doit occuper.

On met la lampe à gaz à 20 centimètres environ de l'extrémité de l'appareil, on l'allume, on règle l'intro-

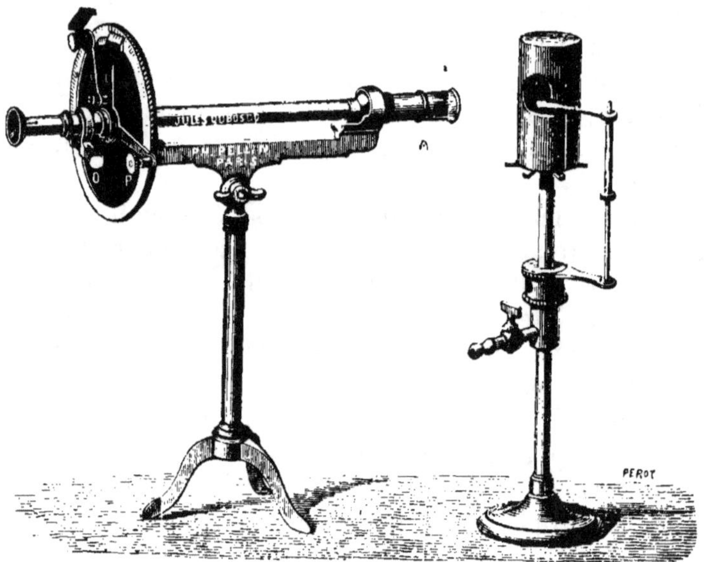

Fig. 13.— Polarimètre-saccharimètre à pénombres de Duboscq-Pellin.

duction de l'air par la virole à trous, on dispose la cuiller en platine, contenant le chlorure de sodium fondu, à environ 30 millimètres au-dessus du bec et tangentiellement en avant de la flamme, de manière à avoir le plus possible de lumière monochromatique.

On dirige l'axe de l'instrument (fig. 13) vers le point lumineux un peu au-dessus de la cuiller en platine, et, après avoir mis le vernier à zéro, on vise à travers l'appareil en tirant plus ou moins l'oculaire de la lunette, jusqu'à ce qu'on distingue nettement la ligne verticale de séparation des deux demi-disques.

Si les deux demi-disques sont également obscurs (fig. 15), s'ils sont à égalité de teinte (pour les saccharimètres à pénombres), si, en un mot, il n'existe entre eux aucune différence de teinte, l'appareil est réglé.

Si, au contraire, l'un des disques paraît plus éclairé que l'autre (fig. 14 et 16), on agit doucement sur la *vis horizontale de réglage* O, dans un sens ou dans l'autre, jusqu'à ce que l'*égalité de teinte* soit obtenue.

En résumé, l'appareil est réglé lorsque, le zéro du cadran coïncidant avec le zéro du vernier, les deux demi-disques présentent la même teinte obscure (fig. 15).

C'est alors que l'*appareil étant réglé à zéro*, on substitue au tube contenant l'eau distillée le tube contenant la solution sucrée à analyser. On vise de nouveau à travers l'appareil, on voit que l'égalité n'existe plus.

Fig. 14.

Fig. 15.

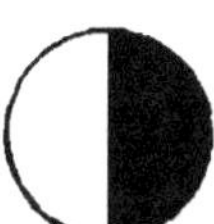

Fig. 16.

Si le *demi-disque de gauche* est plus foncé (fig. 14) que celui de droite, on saisit le bouton P et on tourne à *droite* jusqu'à ce qu'on retrouve l'égalité, c'est-à-dire que l'œil ne distingue plus de différence entre les pénombres des deux demi-disques.

Si le *demi-disque droit* était plus foncé (fig. 16), on tournerait à *gauche*.

Il est toujours facile d'obtenir de la sorte l'égalité du champ.

On lit le nombre devant lequel s'arrête le zéro du vernier qui indique, comme dans le *saccharimètre Soleil-Duboscq*, la quantité de sucre cristallisable contenue dans la dissolution.

La division concentrique en degrés du cercle est destinée aux recherches de laboratoire, et permet d'exprimer en degrés et fractions de degré l'angle dont la matière soumise à l'analyse a fait tourner à droite ou à gauche le plan primitif de polarisation de la lumière incidente.

Le saccharimètre étant ainsi bien réglé, on met en place, dans la partie creuse du saccharimètre, le tube renfermant la solution sucrée incolore ou très peu colorée et *absolument limpide*.

On regarde par la lunette en déplaçant l'oculaire pour mettre à sa vue ; quand on voit les disques nettement, on fait mouvoir l'alidade à l'aide de sa vis de commande jusqu'à égalité de teinte. Puis on regarde, par la loupe fixée sur le vernier, la division du cercle supérieur qui correspond avec le zéro de la graduation inférieure. Si la coïncidence n'était pas parfaite, noter la division qui se rapproche le plus du zéro, tout en restant située à sa gauche, soit par exemple 94°, ensuite noter quelle est la division de la graduation inférieure qui, étant à droite du zéro, coïncide exactement avec l'une quelconque des divisions du cercle supérieur. Cette division inférieure indique le nombre de dixièmes de degrés qu'il faut ajouter au nombre lu. Dans le cas actuel, la déviation étant de 94° plus 7 dixièmes de degré, le titre saccharimétrique s'écrira 94°7.

Il est bon de faire deux observations et de prendre la moyenne des deux nombres lus.

Dosage du glucose. — On mesure 5 centimètres cubes de liqueur de Fehling dans un ballon de 150 centimètres cubes et on ajoute 50 à 60 centimètres cubes d'eau de

pluie bouillie (l'eau distillée décompose la liqueur cupro-
potassique), puis on chauffe à l'ébullition pendant quelques minutes. Si on constate l'existence d'un précipité
rouge de protoxyde de cuivre, la liqueur est mauvaise
et doit être rejetée, à moins que les appareils mal net-
toyés ne renferment des traces de glucose. On verse
dans une burette graduée la solution sucrée ayant servi
pour l'examen saccharimétrique. On laisse tomber
goutte à goutte cette solution sucrée dans la liqueur
de Fehling maintenue à l'ébullition jusqu'à ce que tout
le cuivre soit précipité à l'état d'oxydule rouge. La
liqueur, bleue d'abord, ne tarde pas à brunir, puis à rou-
gir ; peu à peu, le précipité rouge qui se forme au
sein du liquide tend à se rassembler et à tomber au fond.
En regardant la surface du liquide — sur un fond blanc
— aux points où celui-ci touche les parois, on voit très
nettement un petit liséré liquide, faisant le tour du
ballon, dépourvu de précipité.

Continuer les additions de liqueur sucrée jusqu'à ce
que le petit liséré dont nous venons de parler soit absolument *incolore*. Si cette liqueur surnageante était nettement jaune, il faudrait recommencer le titrage, parce
que cette coloration indique que l'on a dépassé le point
d'arrêt et qu'il a été versé un excès de liqueur sucrée.

On note le nombre de centimètres cubes employés
pour obtenir la décoloration, soit D ce chiffre.

Si 5 centimètres cubes de liqueur de Fehling $= p$ de
glucose, dans D centimètres cubes de liqueur sucrée on
aura p de glucose, et dans 100 centimètres cubes on
aura $\dfrac{p \times 100}{D}$, mais ces 100 centimètres cubes correspondant à 16 gr. 29 de sucre, on aura pour 100 grammes
de sucre

$$\frac{p \times 10.000}{D \times 16,29} \text{ de glucose.}$$

Calcul du rendement au raffinage. — On multiplie le chiffre des cendres pour 100 grammes par le coefficient 4; celui du glucose par 2; on additionne ces deux nombres et on retranche cette somme du titre saccharimétrique.

Exemple : Soit un sucre donnant au saccharimètre 88 et contenant 2 gr. 60 de glucose, 1 gr. 71 de cendres, 3 gr. 2 d'eau.

On retranche du poids des cendres 1 gr. 71 le dixième de ce poids, soit 0.17, et on obtient pour les cendres le chiffre conventionnel

$$1,71 - 0,17 = 1,54.$$

On retranche ce poids du titre polarimétrique 88

$$1,54 \times 4 = 6,16$$

ainsi que le poids du glucose

$$2,60 \times 2 = 5.20.$$

Le *rendement présumé* sera donc :

$$88 - (6,16 + 5,20) = 76,64$$

et on établira le bulletin d'analyse de la manière suivante :

Sucre cristallisable	90.00
Sucre incristallisable	2.60
Cendres	1.71
Eau	3.20
Inconnu	2.49
Total	100.00

Rendement 76.64.

M. A. Girard propose de retrancher encore 1,5 pour les déchets de fabrication.

Analyse officielle des sucres. — On pèse un poids de sucre égal à $3 \times 16,29 = 81,45$.

Mode opératoire. — 1° Sur le plateau droit d'un trébuchet bien sensible (modèle *Collot*), placer une main en clinquant assez grande pour contenir 81 gr. 45 de sucre (20 centimètres sur 10 centimètres environ). Placer à l'intérieur de cette main les poids nécessaires pour que leur somme égale 81 gr. 45, ensuite équilibrer le plateau gauche avec une tare.

2° Retirer les poids et les remplacer par du sucre jusqu'à ce que l'équilibre soit obtenu.

3° Faire passer avec précaution cette prise d'essai dans un verre à pied de 250 c. c. environ, en ayant soin de rincer la main avec un peu d'eau distillée qui sera reçue dans le verre.

4° Verser sur le sucre environ 160 c. c. d'eau distillée, et, au moyen d'une baguette de verre, agiter le liquide jusqu'à dissolution de toute la partie soluble ;

5° Laisser déposer et décanter le liquide clair sur un filtre en recevant la filtration dans un ballon jaugé de 250 centimètres cubes. On lave 4 ou 5 fois et on complète à 250 centimètres cubes avec les eaux de lavage. Agiter à plusieurs reprises pour rendre homogène.

On prélève 50 centimètres cubes : on dose le sucre au saccharimètre après défécation au sous-acétate de plomb ; on complète à 100 centimètres cubes, on filtre et on examine dans un tube saccharimétrique de 20 centimètres.

On opère l'inversion du saccharose sur 50 centimètres cubes de la solution, en ajoutant 5 centimètres cubes d'acide chlorhydrique pur. On complète à 100 centimètres cubes et on chauffe pendant une demi heure à 68° centigrades au bain-marie. Après avoir laissé refroidir, on refait le volume et on examine de nouveau au saccharimètre. On a ainsi tous les éléments nécessaires au dosage du saccharose d'après les tables de Clerget ou en se servant de la formule approchée :

$$P \text{ (pouvoir rotatoire)} = \frac{200 \times A}{288 - T} \quad P \times 1{,}635 = \text{sucre}$$

dans 1 litre, dans laquelle $A = D - D'$, c'est-à dire la différence ou la somme des nombres lus sur l'échelle saccharimétrique avant l'inversion et après l'inversion, on additionne D et D' lorsque les deux chiffres indiqués sur l'échelle du saccharimètre ont été lus à droite et à gauche et on prend la différence $D - D'$ lorsque les chiffres exprimant la rotation avant et après l'inversion sont du même côté du zéro.

D'après **M. A. Girard**, il est préférable de faire bouillir la liqueur de Fehling et d'y ajouter un volume déterminé de solution sucrée en laissant du Fehling en excès. On filtre bouillant, on lave jusqu'à disparition d'alcalinité et on pèse à l'état de protoxyde de cuivre ou de cuivre métallique en réduisant par un courant d'hydrogène dans un creuset de Rose. Le cuivre $\times 0{,}559 = $ sucre réducteur.

On peut aussi redissoudre le protoxyde de cuivre dans de l'alun de fer additionné d'acide sulfurique et titrer au permanganate le protoxyde de fer formé en diluant avec de l'eau bouillie.

Humidité et cendres. — L'eau est dosée par dessiccation à 110° sur 1 ou 2 grammes de sucre. La prise d'essai de dosage de l'eau est incinérée en présence d'acide sulfurique pour obtenir les cendres. Nous avons déjà exposé le mode opératoire (page 79).

En retranchant de 100 les quatre premiers chiffres trouvés plus haut, le reste donne la matière organique indéterminée.

Calcul du rendement. — Du poids des cendres sulfatées on déduit 1/10ᵉ. On multiplie par 5, on déduit ce produit du titre saccharimétrique trouvé dans l'inver-

sion ; de la différence on déduit encore le poids du sucre
réducteur $\times$ 2 : le reste représente le rendement impo-
sable du sucre.

Nous avons indiqué le calcul du rendement, suivant
les données établies par M. A. Girard (page 88).

CHAPITRE VI

PRATIQUE DU SUCRAGE — MOUILLAGE ET SUCRAGE DES VINS DE SECONDE CUVÉE — SULFITAGE DE LA VENDANGE — PRÉPARATION DU LEVAIN

Théoriquement, 100 de saccharose ou sucre de canne donnent 51,111 d'alcool : 105,263 de sucre de raisin (mélange de glucose et lévulose) donnent le même résultat.

Le décret du 27 décembre 1884, qui a force de loi, a fixé la densité de l'alcool à 0.7943 à 15°. Connaissant la densité de l'alcool absolu, nous voyons que 100 kilog. de sucre cristallisable produisent 51 k. 111 d'alcool ou 64 litres 300 d'alcool absolu en chiffres ronds, et que 100 kilog. de sucre de raisin donnent 48 k. 556 d'alcool ou 61 litres.

D'après ces résultats, nous déduirons — théoriquement — que pour obtenir 1 litre d'alcool absolu, il faut :

1 k. 550 de sucre cristallisable.

1 k. 635 de sucre de raisin.

1 k. 800 de glucose.

Dans la pratique, ces chiffres sont trop faibles parce qu'il y a plusieurs causes de pertes : la formation de produits secondaires autres que l'alcool (glycérine, acide succinique, etc.) : les pertes d'alcool provoquées par le dégagement rapide de l'acide carbonique : la destruction d'un peu de sucre par certains microbes, etc.

Conséquemment, nous admettons qu'il faut ajouter 1700 à 1725 grammes de saccharose pur au moût pour obtenir 1 litre d'alcool par hectolitre.

Les chiffres pratiques doivent donc être fixés approximativement à :

1700 grammes pour le sucre de canne.
1800 grammes pour le sucre de raisin.
2000 grammes pour le glucose.

On opère le sucrage du *moût* pour obtenir deux résultats bien distincts : 1° On sucre les moûts pauvres afin d'améliorer leur qualité en augmentant leur richesse alcoolique, etc. 2° On sucre des moûts déjà riches en sucres pour que la fermentation alcoolique, qui s'arrête d'elle-même lorsque le milieu renferme 15 à 16 o/o d'alcool, laisse dans le vin une certaine quantité de sucre non décomposé. Ce vin conserve ainsi une saveur sucrée (vins de liqueur).

Enfin, le sucrage des *vins faits*, d'une richesse alcoolique de 8 à 10°, permet d'obtenir une nouvelle fermentation en bouteille (fabrication des vins mousseux suivant la méthode champenoise).

Le sucrage est bien supérieur au vinage. L'alcool produit par la fermentation s'assimile mieux aux divers éléments du vin, en outre, il se forme en même temps d'autres produits secondaires qui contribuent à *la vinosité* de la boisson.

Tous les savants qui se sont occupés de la question préconisent le sucrage comme étant une pratique bienfaisante, honnête, qu'il est bon d'encourager, mais à condition d'employer du sucre cristallisé blanc (saccharose) en proportion convenable.

Les sucres impurs donnent des goûts défectueux. Les dextrines des glucoses troublent souvent la limpidité du vin et facilitent l'infection microbienne. Les fabricants de vin de Champagne, qui ont l'expérience du sucrage des vins mousseux renommés, accordent la préférence au sucre de canne et le considèrent comme supérieur — au point de vue œnologique — au sucre de betterave, dont la composition chimique est cependant identique. Il est probable que les traces d'impuretés qui accompagnent le saccharose de la canne et celui de la betterave sont de nature différente : certains goûts particuliers dériveraient de ces impuretés.

Lorsque le sucrage est exagéré, ou bien lorsqu'on n'a pas eu soin d'intervertir le saccharose ou sucre cristallisable et, à défaut, de stimuler l'activité des levures par une légère addition de phosphate d'ammoniaque, par l'aération et une température convenable, etc., le vin peut rester doux ; il est alors exposé à des refermentations et à diverses maladies (*mannite*, etc.).

D'après l'article 7 de la loi du 28 janvier 1903, la quantité de sucre ajoutée ne pourra excéder *10 kilogr.* par 3 hectolitres de vendanges, soit 3 kil. 333 grammes de sucre cristallisable par hectolitre de vendanges, ce qui représente une augmentation de près de 3° d'alcool par hectolitre de vin fait, puisque nous admettons *approximativement* qu'il faut 1700 grammes de saccharose pour produire, après fermentation, 1 litre d'alcool absolu.

D'après le dernier paragraphe de l'article premier de la loi du 29 décembre 1900, la proportion de *vin fait* que peuvent fournir les *3 hectolitres de vendanges* que la loi prend comme unité est en moyenne de *2 hectolitres*. C'est le chiffre adopté par le ministère des finances comme *rendement légal* d'après les expériences et avis des savants qu'il a consultés.

On peut compter, sans exagération, sur un rendement de 2° 8/10, si la fermentation a lieu régulièrement.

Quiconque voudra ajouter du sucre à la vendange est tenu d'en faire la déclaration, trois jours au moins à l'avance, à la recette buraliste des contributions indirectes.

La dénaturation du sucre, employé à l'amélioration des vins, se fait en mélangeant, à poids égaux, la vendange foulée et le moût : 1 hectolitre de moût et 100 kilogrammes de sucre. Il ne faut pas oublier que ce mélange donne un liquide dont le volume total est de 162 litres environ.

On apprécie la richesse saccharine d'un moût à l'aide du *mustimètre* de Salleron-Dujardin (voir page 34). La méthode par la liqueur de cuivre est plus exacte, mais, comme nous l'avons déjà dit, elle exige une dextérité que n'ont pas tous les praticiens. Le mustimètre (aréomètre) donne des indications suffisamment exactes.

Supposons que l'aréomètre nous indique que le moût renferme 138 grammes de sucre par litre. Si nous consultons la table mustimétrique, nous constatons que ce poids de sucre correspond à une richesse alcoolique de 8°. Pour obtenir un vin de 10° 1/2, nous devons donc ajouter une certaine quantité de sucre.

Le sucre du commerce n'est jamais absolument pur ; il faudra donc l'analyser afin de déterminer la quantité nécessaire. Avec le sucre raffiné, qui titre au moins 99,4 o/o, la présence des impuretés est négligeable. Nous indiquerons plus loin l'analyse commerciale des sucres.

Admettons que nous disposons d'un sucre de canne contenant 96 o/o de sucre. Si le sucre cristallisable était pur, il faudrait, pour obtenir les 2° en sus, $1700 \times 2 = 3^k400$ de sucre par hectolitre ; or, comme celui que nous employons n'en contient que 96 o/o, il en faudra 4 o/o de plus, soit :

$$\frac{3400 \times 100}{96} = 3^k541$$

Nous avons indiqué (page 20) que l'*inversion* du sucre

de canne peut se faire par l'*invertine* ou *sucrase*, diastase sécrétée par la levure. Aussi le saccharose fermente-t-il directement avec la levure sans être interverti au préalable.

Cette sucrase existe dans les vins sucrés artificiellement ou non sucrés, et son action inversive s'exerce même à la température ordinaire.

L'emploi direct du sucre de canne en vinification n'a pas d'inconvénient lorsque les conditions ambiantes sont favorables au développement de la levure, mais si la température est trop basse, si le milieu est pauvre en aliments azotés, si la proportion d'alcool formé ou de sucre est trop forte, la levure devient paresseuse, la fermentation languit et laisse parfois du sucre indécomposé.

L'alcool est un paralysant pour la sucrase. Au titre de 10 o/o, il a un effet retardateur mesuré par le nombre 1,3 (Duclaux).

Les considérations qui précèdent nous obligent à recommander l'interversion du saccharose avant de l'ajouter à la vendange et aussi l'addition d'un peu de phosphate d'ammoniaque.

D'après nos expériences, si on fait dissoudre le sucre dans l'eau et que l'on opère au voisinage de 100 degrés centigrades, la quantité d'acide à employer est d'autant plus faible que la concentration est plus élevée, l'acide chlorhydrique étant d'ailleurs celui dont l'activité est la plus grande.

Ainsi pour 100 grammes d'une solution de saccharose à 80 o/o, il suffit d'employer de 0 gr. 01 à 0 gr. 02 d'acide chlorhydrique pour avoir une interversion totale en quelques minutes à la température de 95 à 100°.

Il est préférable de faire l'opération dans une chaudière en cuivre que l'on chauffe à la vapeur. La quantité d'acide employé est neutralisée au besoin avec un lait de chaux ou du carbonate de potasse. Cette quantité d'acide varie proportionnellement à la teneur du sucre en cendres. Avec 0,050 o/o de cendres, il faut 6 lit. 05 d'acide chlorhydrique à 10 o/o pour 1000 kilogr. de sucre, tandis qu'il nous a fallu 9 litres pour une teneur en cendres de 0,060 o/o. Cela prouve qu'une partie de l'acide est neutralisée par l'alcalinité des matières minérales du sucre et que celles-ci ont une action empêchante.

Mais, en utilisant l'acide tartrique, cette neutralisation devient inutile. La proportion de cet acide, qui fait partie de la composition du moût de raisin, peut être forcée sans inconvénient.

Du reste, le moût seul porté à l'ébullition est susceptible, par les acides qu'il renferme naturellement, d'intervertir rapidement une solution de saccharose à 70 o/o: cependant on ne doit pas hésiter à ajouter 8 à 10 kilogr. d'acide tartrique pour 100 litres de solution.

On sait que théoriquement 1000 kilogrammes de saccharose fournissent 1.052 kilogr. 6 de sucre interverti, d'après l'équation

$$C^{12}H^{22}O^{11} + H^2O = 2\,C^6H^{12}O^6$$

Pour augmenter la richesse alcoolique d'un vin, le sucrage est bien préférable au vinage, c'est-à-dire à l'addition directe d'alcool au vin; nous insistons à nouveau sur ce point.

La fermentation du saccharose interverti (glucose et lévulose) ne donne pas seulement de l'alcool éthylique pur, mais encore d'autres alcools, de l'acide succinique, de la glycérine, de l'acide acétique, etc., enfin plusieurs corps qui exercent une influence considérable sur la constitution du vin et sur l'ensemble des caractères que l'on désigne sous le nom de vinosité et de bouquet. En outre, l'alcool produit par la fermentation se marie mieux avec les divers éléments du vin que l'alcool ajouté après coup.

Le privilège des bouilleurs de cru étant rendu illusoire, le litre d'alcool rendu chez le vigneron coûtera

certainement plus cher que l'alcool produit naturellement par la fermentation du sucre.

Les sortes de sucres raffinés les plus généralement
demandés pour le sucrage des vins sont les irréguliers,
les pilés et les poudres qui titrent d'ordinaire entre 98°
et 99°5. Nous recommandons spécialement le sucre
blanc, type cristallisé N° 3 de la Place de Paris, dont le prix
est inférieur à celui du sucre raffiné, quoique sa pureté
soit analogue.

Actuellement, il est coté pour les livraisons à faire
dans les derniers mois de 1903 au-dessous de 57 francs
environ les 100 kilos franco. C'est ce chiffre qui fait
autorité pour les vendanges prochaines. Les exagéra-
tions de la demande pourraient seules occasionner des
variations bien sensibles?

En calculant sur ce chiffre, nous établissons le prix
de revient suivant :

Achat en fabrique........................ 27 fr.
Frais de transport et bénéfices des intermé-
    diaires............................... 5 fr.
Droit de consommation..................... 25 fr.
                                    57 fr.

Le prix de 57 francs est assurément variable, mais,
sauf événements imprévus, il doit être considéré comme
un prix maximum. On a fait des offres à 56 fr. 50 extra
blanc de canne.

Pour obtenir un vin de sucre de 10 degrés, il faut
employer 17 kilos de sucre, soit 1 k. 700 de sucre par
hectolitre et par degré alcoolique à obtenir.

Son prix de revient sera :

Achat de 17 kilos de sucre (saccharose) à
    57 fr. les 100 kilos .... 9 fr. 69
Achat de 500 grammes d'acide tartrique à
    2 fr. 75 le kilo....................... 1 fr. 37
Interversion du sucre, frais divers et pertes. 0 fr. 70
Prix de revient de l'hectolitre à *dix degrés*. 11 fr. 76
soit 1 fr. 17 le degré.

Ce prix de 1 fr. 17 le degré indique que dans les années d'abondance, le sucrage ne sera guère avantageux, sachant surtout qu'il faut 1725 à 1750 gr. de sucre par degré-alcool si la fermentation n'est pas conduite avec art. Il deviendra au contraire rémunérateur pendant les années de disette lorsque le prix du degré alcoolique des vins dépassera 1 fr. 20 à 1 fr. 25.

L'extrême facilité d'éluder les pénalités inscrites dans la loi et la difficulté de reconnaître à l'analyse *une vinification bien faite* d'un mélange de raisins et d'eau convenablement sucrée, ne laissent aucun doute à cet égard.

En temps de déficit budgétaire, il est à présumer que la régie s'intéressera : 1° à ce que beaucoup de sucre paye le droit de consommation fixé à 25 francs, et 2° à ce que l'on produise beaucoup de vin payant le droit de circulation de 1 fr. 50 par hectolitre. D'autre part, il n'est pas à souhaiter que les capitaux français aillent enrichir les viticulteurs étrangers, et leur acheter des vins douteux, à la suite d'une disette provoquée par la gelée, les maladies cryptogamiques, etc.

Du reste, les agents des contributions sont-ils assez nombreux pour assister au pesage et à la dénaturation des sucres par addition de moût? En tout cas, ils ne pourront rester dans le cellier pendant toute la durée de la vendange. Le docteur Gauthier, sénateur de l'Aude, l'a dit avec raison au ministre des finances du haut de la tribune du Sénat.

N'insistons pas à ce sujet, il est évident que le récoltant aura ses coudées assez franches et pourra augmenter sensiblement sa récolte, sans en abaisser la force alcoolique, lorsqu'il jugera l'opération économique.

La production de 10 millions d'hectolitres de vin de seconde cuvée, titrant 10 degrés, exigerait l'emploi de 175 à 180 millions de kilos de sucre. Le sucrage d'une récolte de 50 millions d'hectolitres de vin à 5 kilog. de sucre par hectolitre utiliserait 250 millions de kilos de sucre.

Mouillage et sucrage. — Le sucrage d'un moût par addition de sucre de canne ou de betterave est donc une opération licite dans les limites déterminées par la loi. Il n'en est pas de même du sucrage accompagné du mouillage, c'est-à-dire de l'addition d'eau sucrée au moût.

Cependant nous ne pouvons passer ce procédé sous silence, bien qu'il soit illicite, de même nous parlerons des vins de seconde cuvée, etc., car il n'est pas admissible que les viticulteurs français ignorent des pratiques courantes à l'étranger : Ils doivent connaître tous les moyens de concurrence mis en œuvre contre eux.

C'est Gall qui a proposé d'ajouter de l'eau sucrée aux vins, d'où le nom de *Gallisation* donné à cette opération.

D'après lui, le moût ne produisait un bon vin qu'à la condition d'avoir une composition définie de sucre, acides libres et eau. Il ne tenait aucun compte des autres éléments. Partant de ces données, il admettait qu'un moût de bonne qualité devait renfermer 24 o/o de sucre, 0,4 d'acide et 75,4 d'eau, et il ramenait approximativement tous les moûts à la composition idéale par addition d'eau sucrée.

La méthode de Gall, ainsi comprise, est absolument défectueuse, elle ne peut donner, le plus souvent, que de mauvais résultats, surtout entre les mains de viticulteurs ignorants. En effet, si le vin produit renferme la dose normale d'alcool et d'acides, il n'en sera pas de même des autres éléments dédoublés. L'analyse chimique reconnaîtra tout de suite que ce vin se trouve dans l'état d'un vin mouillé et viné.

L'interversion du sucre mélangé à son volume de moût nécessite une ébullition d'assez longue durée et le tout risque de prendre un goût de cuit qui, trop prononcé, se retrouve dans le vin. Il est donc préférable de préparer une solution à parties égales de saccharose et d'eau en y ajoutant environ 1 kilo d'acide tartrique *par hectolitre*. N'oublions pas que 1 hectolitre d'eau et 100 kilos de sucre ne donnent pas 200 litres, mais à peu près 162 litres.

Le volume du vin après sucrage du moût. — Il est assez difficile d'établir exactement l'augmentation du volume du vin correspondant au sucrage des moûts pratiqué selon la tolérance légale, c'est-à-dire sans addition d'eau. Les causes susceptibles d'exercer une influence sur le volume du moût sont fort nombreuses et capables, en outre, de prédominer les unes dans un sens, les autres dans le sens opposé, etc. Les principales de ces causes sont : la chaleur de la masse en fermentation et l'évaporation qui en est la conséquence. L'activité de l'évaporation est en rapport avec la température du raisin au moment du foulage et son degré de maturité ; avec la capacité de la cuve, la température s'élevant d'autant plus que la cuve est plus grande : cette évaporation est encore proportionnelle au diamètre de la cuve, à la présence constante du chapeau, à son immersion intermittente ou continue, à la durée de la fermentation, à la température du vin au moment du soutirage, etc...

Quoi qu'il en soit, il n'est pas douteux que le sucrage assure l'augmentation du volume du moût et, par suite, celui du vin.

170 grammes de sucre pur cristallisé par litre donnent 10 degrés ou 100 centimètres cubes d'alcool absolu. L'expérience nous montre que cette addition représente 105 centimètres cubes, soit : 10 c. c. 5 par 17 grammes de sucre, c'est-à-dire par quantité de sucre pur capable de fournir 1 degré d'alcool par litre. Cela signifie qu'un litre de moût contenant assez de sucre de raisin pour produire un vin à 10 degrés et recevant en plus 17×17

= 34 grammes de sucre cristallisé dans le but de relever le titre alcoolique à 12 degrés, aura avant fermentation $1000 \times 10.5 \times 10{,}5 = 1021$ centimètres cubes. En traduisant ce résultat en hectolitres, nous trouverons qu'un hectolitre ou 100 litres de moût seront élevés, après cette dose proportionnelle de sucrage, au volume de 102 litres 1/10.

Mais la fermentation détruit le sucre et le transforme en gaz carbonique, alcool, glycérine, acide succinique, sans parler des éléments constituants de la levure, corps insolubles qui se séparent du volume primitif.

D'un autre côté, l'alcool de sucre ajouté subira une légère contraction en se mélangeant à l'eau naturelle du moût. Le milieu enrichi en alcool aura plus de puissance dissolvante à l'égard des matières colorantes extractives des pellicules ; mais, d'autre part, il précipitera plus de crème de tartre, la solubilité de ce sel diminuant avec l'augmentation du titre alcoolique.

Comme on le voit par ce bref exposé, il est impossible de préciser à l'avance à cause des nombreux facteurs de valeur inconstante et parfois antagoniste qui interviennent sans cesse.

En nous basant sur les données inscrites plus haut, nous établirons que 100 kilos de sucre pur cristallisé augmentent de 61 litres le volume de moût dans lequel on le fait dissoudre. Si on fixe approximativement à 11 litres le déchet maximum qui résulte des diverses causes que nous avons examinées, il restera 5 litres comme augmentation nette du volume du vin provenant du sucrage.

On peut donc admettre que l'addition de 100 kilos de sucre donne une augmentation de 50 a 55 litres de liquide après fermentation.

Reprenons maintenant le cours de nos observations sur la Gallisation.

On ajoute de l'acide tartrique à la vendange, mais il faut bien se rappeler que dans le moût de raisin il existe d'autres acides, tels que : l'acide malique, l'acide citrique, l'acide glycolique, le bitartrate de potasse, le bimalate de potasse dont la présence influe sur la constitution et les qualités organoleptiques du vin.

La conservation d'un vin dépend non seulement de sa composition, mais surtout de la qualité et de la quantité de ferments de maladie qu'il renferme lors du décuvage : or, il est bien démontré aujourd'hui qu'on peut s'opposer au développement de ces mauvais ferments pendant la fermentation même, en favorisant l'activité du ferment alcoolique. Une acidité convenable de la vendange est un des facteurs essentiels du succès : elle assure la fermentation dans les meilleures conditions possibles et facilite la transformation de *tout* le sucre en alcool, glycérine, etc. L'addition d'un peu de phosphate d'ammoniaque est aussi, à ce point de vue, un précieux adjuvant.

Il ne faut pas qu'il reste du sucre indécomposé après la première fermentation, car non seulement il serait difficile à transformer en alcool, mais encore il servirait d'aliment aux mauvais ferments agents de maladies, notamment au ferment de la tourne.

Lorsque la vendange aura été additionnée d'un volume assez considérable d'eau sucrée, il conviendra, après avoir interverti le sucre, de relever la couleur du mélange en procédant à l'extraction de la matière colorante d'un cépage teinturier — le Petit-Bouschet par exemple, et mieux encore l'Aspiran-Bouschet, dont la puissance colorante est supérieure. — On égrappe une certaine quantité de raisins, et après pressurage, on fait bouillir les pellicules fraîches, dilacérées, dans de l'eau fortement acidulée par les acides tartrique et citrique (15 grammes d'acide tartrique, 5 gram. d'acide citrique par litre d'eau et environ autant d'eau que de moût extrait). Tous les cépages, ainsi traités, abandonnent leur matière colorante, mais, naturellement, ils ne peuvent abandonner que celle qu'ils ont : l'Aramon ne fournira jamais un liquide aussi coloré que la Carignane et surtout que les hybrides Bouschet à jus coloré, tels que le Petit-Bouschet ou l'Aspiran-Bouschet.

La solution additionnée de 20 o/o d'alcool bon goût à 96 degrés se conserve assez longtemps dans des récipients hermétiquement clos à l'abri du contact de l'air.

L'emploi de l'œnocyanine n'est pas une falsification, puisque cette matière colorante est un produit de la vigne. Le viticulteur a le droit d'extraire la couleur des pellicules ou peaux de raisins rouges pour l'utiliser à l'amélioration de ses cuvées.

Vins de seconde cuvée. — D'après l'article 7 de la loi du 28 janvier 1903, quiconque voudra se livrer à la fabrication de vin de sucre pour sa consommation familiale est tenu d'en faire la déclaration, trois jours à l'avance, à la recette buraliste des contributions indirectes. La quantité de sucre employée ne pourra pas être supérieure à 40 kilogrammes par membre de la famille et par domestique attaché à la personne, ni à 40 kilogrammes par trois hectolitres de vendange récoltée. Il est admis *officiellement* que 3 hectolitres de vendange fraiche représentent 2 hectolitres de vin fait. C'est la proportion rationnelle établie par les savants spécialistes.

40 kilog. de saccharose par *3 hectolitres de vendanges* peuvent donner un vin de seconde cuvée titrant environ 11° 1/2.

Toute personne qui désire avoir en sa possession une quantité de sucre supérieure à 50 kilogr. est tenue d'en faire préalablement la déclaration et de fournir des justifications d'emploi.

Les contraventions aux dispositions qui précèdent et aux règlements qui seront rendus pour leur exécution sont punies des peines édictées par l'article 4 de la loi du 6 avril 1897. Ces peines sont doublées dans le cas de fabrication, de circulation ou de détention des vins de sucre (1) en vue de la vente. S'il y a récidive, les contrevenants encourent, indépendamment de l'amende, une peine d'emprisonnement de six jours à six mois.

Les mêmes peines sont applicables aux complices des contrevenants.

Les vins d'eau sucrée ou vins de seconde cuvée peuvent rendre des services, ne serait-ce que pour la consommation du personnel agricole, pendant les années de profonde disette à la suite de gelées printanières intenses.

Ils constituent une boisson saine, bien supérieure aux vins mouillés et «travaillés» que l'on sert trop souvent sur le *zinc* des mastroquets dans les grands centres.

Dans les années d'abondance, cette fabrication disparaîtra parce qu'elle cessera d'être économique. Jusqu'à ce jour, la nature, ayant les végétaux pour laboratoire, fabrique le sucre à meilleur compte que les industries humaines : dans ces conditions, le propriétaire n'aura pas intérêt, en temps normal, à fabriquer des seconds vins.

100 kilogrammes de vendange fournissent en moyenne 10 à 15 kilogrammes de marc qui retiennent de 7 à 10 litres de vin après le pressurage le plus énergique.

Mais le marc frais ne renferme pas seulement du vin,

---

(1) Il ne faut pas confondre les *vins de sucre*, proprement dits, avec les vins provenant d'une *vendange sucrée* «sans addition d'eau». Œnologiquement parlant, il n'y a que les *vins de 2ᵉ et 3ᵉ cuvée* (fermentation d'eau sucrée et de marcs) qui méritent le nom de *vins de sucre*. Les vins provenant d'une vendange fraîche additionnée d'une assez forte proportion d'eau sucrée, ne peuvent être considérés que comme *mélange de vin naturel et de vin de sucre*.

il contient en outre de la crème de tartre ou bitartrate de potasse, du tannin, des sels et beaucoup de matières colorantes localisées sur les pellicules.

Pour obtenir une nouvelle quantité de vin, il suffira donc de remplacer par une égale quantité d'eau sucrée acidulée le jus du raisin ou moût qui vient d'être transformé en vin par la fermentation. Les marcs sont assez riches en germes de ferments pour qu'une nouvelle fermentation se développe promptement si la température du liquide est favorable (25 à 30°). Une addition de 10 à 12 grammes de phosphate d'ammoniaque par hectolitre d'eau stimulera leur activité biologique.

On comprendra sans peine qu'il existe une différence sensible entre le marc pressé ou non pressé, de même que s'il a été cuvé ou non cuvé. Suivant le cas, les résultats peuvent varier.

En premier lieu, le ferment alcoolique peut être affaibli pour une cause quelconque et dès lors la fermentation sera paresseuse, elle s'établira mal surtout en présence de sucre non interverti. Nous insistons donc sur l'intervertissement préalable du sucre dont il a déjà été question et sur l'addition d'un peu de phosphate d'ammoniaque : nous recommandons d'ajouter un peu de lie fraîche provenant d'une première cuvée ou bien quelques litres d'un moût en pleine fermentation.

Sulfitage. — Le *sulfitage* de la vendange, à l'aide du métabisulfite de potasse, a pour but de l'assainir, de la débarrasser de ses mauvais ferments, d'augmenter l'intensité colorante du vin — lorsqu'il s'agit de la vinification en rouge — et de prévenir la casse.

Le métabisulfite de potasse du commerce dose environ 52 o/o d'acide sulfureux. On en emploie 20 grammes par 130 kil. de raisins donnant des vins légers, mais on élève la proportion à 25 ou 30 grammes quand on opère sur des cépages à vins colorés ou sur des raisins altérés par les moisissures.

Il résulte de nombreuses expériences qu'à la dose de 0,01 par litre de moût, l'acide sulfureux ne retarde pas sensiblement le départ de la fermentation : à la dose de 0,03 le retard atteint 10 à 12 heures : à la dose de 0,05 le retard s'élève à une vingtaine d'heures ; avec 0,075 il va jusqu'à 50 à 60 heures : enfin, à la dose de 0,10, la fermentation ne se développe qu'au bout de 5 à 6 jours.

L'emploi de l'acide sulfureux exige donc la préparation d'un *levain*, car il est nécessaire d'introduire dans la vendange foulée et sulfitée une culture de levures *habituées* à l'acide sulfureux.

Nous savons qu'en cultivant des levures dans des moûts de plus en plus chargés d'acide sulfureux, on parvient assez rapidement à leur faire contracter une sorte d'accoutumance vis-à-vis de cet agent, à tel point qu'elles arrivent à travailler — c'est-à-dire à transformer par fermentation le sucre en alcool — dans les milieux sulfurés où elles auraient été incapables de se développer de prime abord.

Voici la méthode que nous préconisons pour la préparation du *levain*.

Dans un tonneau défoncé et rigoureusement nettoyé avec une solution chaude à 6 o o de carbonate de soude (cristaux) suivie d'un bon rinçage à l'eau pure. on verse 10 litres de moût (*a*) tenant en dissolution 3 grammes de métabisulfite de potasse et on ajoute 10 litres de moût (*b*) en pleine fermentation.

Ce dernier doit provenir de raisins sains. mûrs. en un mot parfaitement choisis. Son influence serait encore meilleure si on avait soin de l'ensemencer avec des levures pures sélectionnées.

L'Institut Pasteur (laboratoire des fermentations, directeur A. Fernbach) ou l'Institut La Claire du Locle à Morteau (Doubs), dont le directeur scientifique est M. Georges Jacquemin, livrent d'excellentes levures. 1 kil. de levure pure suffit à améliorer 25 hectolitres de vendange.

À cet effet, pour préparer les 10 litres de moût (b) qui doivent être introduits en pleine fermentation dans les 10 litres (a) sulfités, on met 10 litres de moût filtré à travers un linge grossier dans un chaudron ou une bassine bien propre, et on y ajoute 3 litres d'eau claire additionnée de 50 grammes d'acide tartrique.

On fait bouillir à gros bouillon, et on retire du feu dès que le liquide est réduit à 10 litres environ, on le verse bouillant dans un petit fût à l'abri des poussières. Lorsque la température est tombée au-dessous de 34 degrés centigrades, on y verse la levure.

Si on maintient le récipient dans un local tempéré 20 à 25° — sans que la température dépasse 34 degrés, — la fermentation se déclare rapidement et devient tumultueuse dès le second jour. C'est à ce moment qu'il faut ajouter le moût levuré (b) aux 10 litres de moût frais sulfité à 3 grammes depuis une demi-heure environ.

Lorsque la fermentation du mélange est redevenue très active, on y verse 20 litres de moût frais tenant en dissolution 9 grammes de métabisulfite.

Sous l'influence de cette nouvelle dose d'acide sulfureux, la fermentation s'apaise, puis elle reprend peu à peu. Quand elle est tumultueuse, on y verse 40 litres de moût fraîchement exprimé et renfermant 24 grammes de métabisulfite. Enfin, après reprise de la fermentation, une dernière addition a lieu avec 80 litres de moût contenant 60 grammes de métabisulfite.

À ce moment, on a 160 litres environ de moût en pleine fermentation ayant reçu par additions successives 96 grammes de métabisulfite, soit à peu près 49 grammes d'acide sulfureux.

Le dernier sulfitage à 60 grammes de métabisulfite sur 80 litres de moût représentait une ration de 0 gr. 37 environ d'acide sulfureux par litre de moût et de *0 gr. 189* par litre sur l'ensemble (160 litres). C'est une proportion supérieure à celle que renferme la vendange foulée sulfitée suivant les règles prescrites. Dans ces conditions, notre levain n'aura aucune peine à se développer vigoureusement au sein de ce moût.

La dose de métabisulfite employée est généralement plus forte pour les vins blancs que pour les vins rouges. On atteint souvent 30 à 35 grammes par hectolitre, mais ce chiffre est encore inférieur à celui auquel le levain est habitué.

M. Paul a obtenu d'excellents vins rouges avec 5 *grammes* seulement d'acide sulfureux par hectolitre de moût. Le vin a conservé sa couleur vive et la fraîcheur de la jeunesse après deux années.

Les levures acclimatées à l'acide sulfureux doivent être employées aussitôt que possible, car, en présence de l'acide sulfureux à haute dose, le vieillissement des cellules de levure est très rapide et au bout de quelques jours le viticulteur éprouverait de grandes difficultés pour obtenir un bon rajeunissement.

Le levain obtenu s'emploie donc lorsqu'il est bien en pleine fermentation. On commence par agiter vigoureusement afin de mettre en suspension le dépôt qui renferme beaucoup de levure ; puis, on verse quelques litres du jus formant le levain au fond de la cuve ou du foudre, avant de commencer à y jeter le raisin foulé. Au fur et à mesure que la vendange passe dans le fouloir, on l'asperge avec le levain d'une façon aussi régulière que possible : de temps en temps, on ajoute un peu de métabisulfite en solution calculée. Le dernier litre est répandu à la surface de la vendange encuvée.

La fermentation ne tarde pas à s'éveiller dans toute la

masse : elle se poursuit d'une manière régulière, active, et le vin produit est, ainsi que nous avons eu souvent l'occasion de le constater, d'une force alcoolique relativement plus élevée, d'une meilleure tenue, d'un goût plus fin et plus net que le vin témoin non levuré.

Lorsqu'on a un foudre en fermentation, on en tire le levain nécessaire à la mise en train du foudre suivant. L'eau destinée à fondre le sucre doit être potable, claire et limpide. L'eau de pluie est particulièrement recommandable. Autant que possible, l'eau sucrée répandue sur le marc, bien émietté, doit être à peu près aussi riche en sucre que l'était le jus naturel du raisin. **Plus** il y a de sucre et plus il y a d'alcool, de couleur, d'extrait, mais néanmoins, dans la pratique, on ne dépasse guère 10 degrés : il y a intérêt à ne pas descendre au-dessous de 7 degrés. A 10 degrés, il faudra employer 17 kilogr. de saccharose par hectolitre.

L'eau sucrée ne doit pas être froide. Il est préférable de la verser à la température de 25 à 30°, la fermentation s'établit alors plus vite.

Le marc peut être pressuré, surtout quand on dispose d'un jus colorant obtenu par le moyen que nous avons indiqué (page 103) : mais il est évident que, toutes choses égales, la qualité du vin de seconde cuvée sera sensiblement améliorée si le marc n'est point pressuré. En tout cas, il est bon de n'extraire que 60 à 70 p. 100 environ de vin de presse, de façon à en laisser 30 p. 100 au moins pour enrichir le vin de seconde cuvée.

Certains praticiens suppriment l'interversion du saccharose en versant de l'eau sur le sucre à 50 degrés centigrades. Ils y ajoutent 300 grammes d'acide tartrique et 12 gr. de phosphate d'ammoniaque par hectolitre d'eau, puis ils répandent le mélange sur le marc émietté, lorsque sa température est descendue à 35 degrés environ, et après l'avoir additionné d'un litre de lies fraîches ou, mieux encore, d'un litre de levain provenant de levures sélectionnées par Georges Jacquemin.

On foule pour brasser la masse et on soutire le jus afin de l'aérer (soutirage suivi d'un remontement au broc ou à la pompe, suivant les dimensions de la futaille).

On peut utiliser cette méthode lorsqu'on est pressé, mais nous préférons le procédé d'interversion préalable du saccharose qui facilite le travail de la levure.

La dissolution et l'interversion du sucre peuvent être faites commodément et pratiquement à l'aide d'un petit outillage simple créé par M. Paul, l'habile ingénieur bien connu. Son appareil permet de réaliser plusieurs opérations importantes : non seulement la dissolution et l'interversion du sucre, mais encore la dissolution de la couleur du raisin et l'extraction du tartre des marcs. Avec cet appareil, il est facile de préparer à l'avance des sirops de sucre à haute concentration, qui se conservent très bien (1). Il est recommandable de les additionner d'un peu d'acide sulfureux, ce qui dispense d'en ajouter ensuite à la vendange foulée (sulfitage).

Pendant la fermentation, il est bon de fouler souvent le chapeau soulevé pour le mettre en contact avec le liquide et éviter qu'il ne s'*aigrisse*; il est encore préférable de le maintenir immergé à l'aide d'une claie. On soutire lorsque le mustimètre marque 0, c'est-à-dire quand la fermentation du sucre est terminée et avant le refroidissement complet du liquide. Le séjour du vin fait au contact du marc risque de lui donner quelques goûts douteux et l'appauvrit sûrement en tartre, tannin, matières colorantes, etc. Cette indication est à retenir.

---

(1) M. J.-M. Pommier, rue Kléber, à Marseille, dont les ateliers de construction sont connus, fabrique des appareils analogues.

Au moment du soutirage, il importe de doser l'acidité et de la relever, si c'est nécessaire, jusqu'à 7 à 8 grammes par litre — acidité exprimée en acide tartrique. La correction de l'acidité avec *un peu* d'acide citrique et l'addition de 20 à 30 gr. de tannin pur par hectolitre améliorent la constitution du vin, l'affinent et avivent la couleur. Rappelons en passant que l'acidité diminue pendant la fermentation par suite de la précipitation de la crème de tartre, par l'action de la levure, des bacilles présents, et par le phénomène de l'éthérification, etc.

Nous avons dit que 0,069 d'acide citrique correspondent à 0,075 d'acide tartrique et 0,049 d'acide sulfurique.

Si l'on doit faire d'autres cuvées, il ne faut pas pressurer ; dans le cas contraire, on passe le marc sur le pressoir et on mélange le vin qu'il laisse échapper avec le vin de soutirage.

Le nombre de cuvées que l'on peut faire dépend de la qualité du marc. Avec des marcs riches provenant de cépages fortement colorés, il est possible d'obtenir deux cuvées et parfois davantage.

On opère toujours comme il a été dit, mais il convient d'augmenter la dose de levain. L'addition d'acide et de tannin doit être aussi plus forte ; enfin, l'inversion du sucre est encore plus nécessaire pour les vins de deuxième ou troisième cuvée que pour les vins de première.

Les vins qui proviennent de la première fermentation de l'eau sucrée en présence des marcs renferment toujours une quantité d'extrait moindre que celle fournie par les vins de vendange. Cette quantité varie de 45 à 70 p. 100 du poids de l'extrait de ces derniers vins.

Avec des marcs riches, le poids de l'extrait peut atteindre 18 grammes, celui du vin de vendange étant de 30 grammes.

Des vins de la région de Béziers (Bassan), dosant

24 gr. d'extrait sec, nous ont donné un second vin qui possédait 14 gr. 1/2 d'extrait.

La proportion de crème de tartre est notablement inférieure à celle du vin de vendange : elle égale à peu près le 1/4 ou les 2/5.

La moyenne de plusieurs analyses de la région du Bas-Languedoc est 2,60 pour le vin de vendange et 1,62 pour le vin de marc.

La proportion de glycérine (en moyenne de 6 gr. à 6 gr. 5 dans les vins naturels), celle du tannin et des matières colorantes y sont également inférieures à ce qu'elles sont dans le vin de vendange. La diminution est variable, mais toujours très nette. L'intensité de la coloration est plus faible dans les vins de deuxième cuvée, à moins qu'ils n'aient été colorés par le procédé licite indiqué.

Cette diminution des matériaux ordinaires du vin s'explique assez naturellement pour qu'il soit inutile d'insister.

M. Armand Gautier admet que les vins de deuxième cuvée ou vins de marc valent comme propriétés hygiéniques les 2/3 des vins naturels.

Si on suit les prescriptions que nous avons indiquées, cette différence peut être notablement réduite.

Pour M. Charles Girard, les vins de sucre sont des boissons chaudes, excitantes, possédant un certain bouquet, devenant très vite bonnes à être mises en bouteilles et se conservant assez bien ; leur saveur alcoolique est moins vineuse que celle des vins naturels : ils ne supportent pas aussi bien l'eau : ils s'améliorent avec le temps.

La fabrication de ces vins permet de tirer parti des substances utiles restant dans le marc, mais leur introduction dans les coupages constitue une fraude punie par la loi.

CHAPITRE VII

ANALYSE DES VINS

Dans les adjudications de l'État, et notamment à la marine, on n'admet que des vins naturels de France ou d'Algérie non vinés, remplissant les conditions suivantes :

Titre alcoolique *minimum* 10 p. 100.

Extrait sec à 100° *minimum* 19 p. 100.

Acidité totale *maximum* 5 p. 1000.

Acidité volatile libre *maximum* 1,5 p. 1000.

Sucre réducteur (avec tolérance de 0 fr. 20) *maximum* 2 p. 1000.

Cendres *maximum* 3 p. 1000.

Sulfate de potasse *maximum* 2 p. 1000.

Chlorures exprimés en chlorure d'argent *maximum* 2 p. 1000.

Matière colorante *naturelle*.

Antiferments : *néant*.

Dosage de l'alcool. — Le seul procédé scientifiquement exact pour doser l'alcool dans les vins, bières, cidres ou spiritueux, est basé sur la séparation de l'alcool par la distillation et l'emploi de l'alcoomètre légal dans le liquide ainsi séparé : c'est du reste le procédé officiellement adopté par les laboratoires de l'État.

L'alambic Salleron, dont l'usage est général, se compose essentiellement d'une chaudière en cuivre mise en communication avec le serpentin par un tube en étain assujetti au moyen de vis à pression qui assurent une fermeture hermétique.

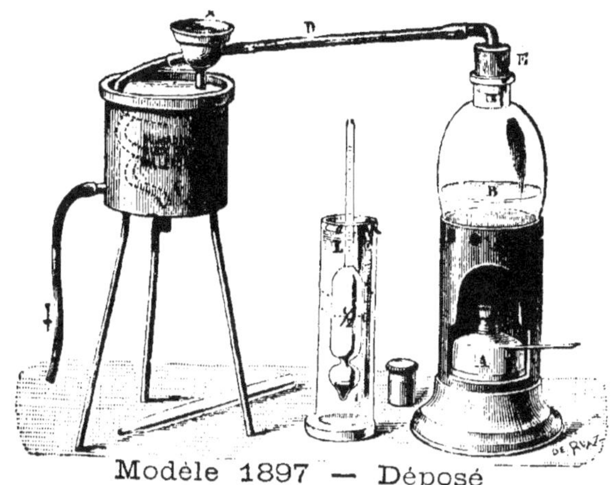

Modèle 1897 — Déposé
Fig. 17. — Alambic Salleron-Dujardin.

On monte d'abord l'appareil, qui doit être soigneusement nettoyé après chaque série d'essais ; on remplit le réfrigérant d'eau et on installe au-dessus un récipient dont le robinet débouche au dessus du réfrigérant. Lorsqu'on n'a pas un laboratoire monté, on peut utiliser à cet effet une fontaine de ménage.

Avec les petits alambics, il est impossible de se servir de l'alcoomètre légal qui demande une éprouvette contenant 264 c. c. de liquide, soit 528 c. c. dans une chaudière de 1584 c. c. de capacité au moins. En principe, la chaudière devrait être trois fois plus grande que le volume du liquide distillé.

Pour avoir un résultat rigoureusement exact, il faut que toutes les opérations nécessitées par le dosage, c'est-à-dire : mesurage du vin à distiller et du produit condensé, lecture du degré à l'alcoomètre, soient pratiqués à la température de 15° centigrades. Les vases jaugés sont gradués pour cette température, et, d'autre part, les tables de correction en usage pourraient entraîner une erreur.

Voici la manière de procéder :

1° Mesurer exactement 200 c. c. de vin à la température de 15°. On place l'éprouvette de façon à ce qu'elle soit bien d'aplomb et on y introduit le liquide à analyser à l'aide d'un entonnoir dont le tube plonge un peu au-dessous du trait de jauge, afin de ne pas mouiller les parois de l'éprouvette au-dessus de ce trait. On finit le remplissage jusqu'au trait à l'aide d'une pipette. On neutralise ensuite, soit à l'eau de chaux, soit avec une solution saturée de soude. On verse goutte à goutte, au moyen d'un tube effilé ou d'une burette, jusqu'à ce que le papier de tournesol rouge devienne vineux-violacé sans atteindre le bleu. Si on avait dépassé le point, on reviendrait au violacé en ajoutant quelques gouttes d'une solution saturée d'acide tartrique. Ajouter quelques menus fragments de pierre ponce pour empêcher la mousse et une ou deux petites rondelles de liège, afin d'éviter les entraînements auxquels sont souvent sujets les liquides neutralisés.

Cela fait, le vin est versé dans un ballon de 500 c. c. environ. Il reste dans l'éprouvette quelques gouttes de vin, on y ajoute un peu d'eau, on rince et l'on verse cette petite quantité de liquide dans la chaudière. On est alors certain que la totalité du vin mesuré sera soumise à la distillation.

2° On ferme alors la chaudière et on la relie au réfrigérant. L'extrémité libre du tube condenseur plonge dans l'éprouvette qui porte un trait à 150 c. c., puis un autre à 200 c. c.

3° On chauffe modérément d'abord, puis on élève progressivement la flamme de la lampe jusqu'à l'ébullition nécessaire pour que le liquide distille.

Distiller lentement en commençant et franchement ensuite. Il est préférable d'aller trop lentement que trop vite.

Pendant tout le temps que dure la distillation, la température de l'eau du réfrigérant doit être maintenue entre 20 et 25° centigrades.

4° On arrête la distillation quand 100 c. c. sont distillés. On éteint le feu après avoir retiré l'éprouvette.

5° On complète exactement au volume primitif de 200 c. c. à 15° et on agite soigneusement pour rendre homogène.

6° On prend la température au moyen d'un bon thermomètre, puis on détermine le titre alcoolique avec l'alcoomètre légal poinçonné.

L'indication de l'alcoomètre est faussée si la tige de l'instrument par sa malpropreté provoque des obstructions entre cette dernière et la surface libre du liquide. Après chaque opération, l'instrument doit être lavé avec une solution faible de carbonate de soude et rincé soigneusement à l'eau distillée. Autant que possible, tenir l'extrémité de la tige entre les doigts par l'intermédiaire d'un papier de soie propre.

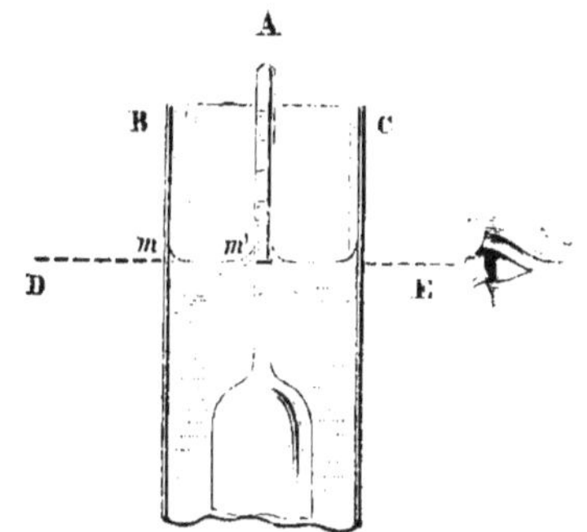

Fig. 18.— Lecture de l'alcoomètre.

Pour prendre le degré alcoométrique, on place d'abord bien verticalement l'éprouvette qui contient le liquide à essayer, de façon à ce que l'aréomètre puisse flotter au centre sans toucher aux parois. On effectue la lecture de l'instrument en se plaçant de façon à faire passer le rayon visuel au-dessous du ménisque formé par le liquide à sa surface et le long de la tige (fig. 18).

Pour lire le degré, il faut attendre que le liquide et la boule de l'alcoomètre aient pris la même température. Si la détermination ne peut être effectuée à 15° centigrades, on devra corriger le degré obtenu à l'aide des tables ci-contre qui accompagnent l'instrument.

(Voir les tableaux)

Indications de l'alcoomètre

TEMPÉRATURE	5										6									
	0	1	2	3	4	5	6	7	8	9	0	1	2	3	4	5	6	7	8	9
10	5.5	5.6	5.7	5.8	5.9	6.0	6.1	6.2	6.3	6.4	6.5	6.6	6.7	6.8	6.9	7.0	7.1	7.2	7.3	7.4
11	5.4	5.5	5.6	5.7	5.8	5.9	6.0	6.1	6.2	6.3	6.4	6.5	6.6	6.7	6.8	6.9	7.0	7.1	7.2	7.3
12	5.3	5.3	5.5	5.6	5.7	5.8	5.9	6.0	6.1	6.2	6.3	6.4	6.5	6.6	6.7	6.8	6.9	7.0	7.1	7.2
13	5.2	5.2	5.4	5.5	5.6	5.7	5.8	5.9	6.0	6.1	6.2	6.3	6.4	6.5	6.6	6.7	6.8	6.9	7.0	7.1
14	5.1	5.1	5.3	5.4	5.5	5.6	5.7	5.8	5.9	6.0	6.1	6.2	6.3	6.4	6.5	6.6	6.7	6.8	6.9	7.0
15	5.0	5.0	5.2	5.3	5.4	5.5	5.6	5.7	5.8	5.9	6.0	6.1	6.2	6.3	6.4	6.5	6.6	6.7	6.8	6.9
16	4.9	5.0	5.1	5.2	5.3	5.4	5.5	5.6	5.7	5.8	5.9	6.0	6.1	6.2	6.3	6.4	6.5	6.6	6.7	6.8
17	4.8	4.9	5.0	5.1	5.2	5.3	5.4	5.5	5.6	5.7	5.8	5.9	6.0	6.1	6.2	6.3	6.4	6.5	6.6	6.7
18	4.7	4.8	4.9	5.0	5.1	5.2	5.3	5.4	5.5	5.6	5.7	5.8	5.9	6.0	6.1	6.2	6.3	6.4	6.5	6.6
1/2	4.6	4.7	4.8	4.9	5.0	5.1	5.2	5.3	5.4	5.5	5.6	5.7	5.8	5.9	6.0	6.1	6.2	6.3	6.4	6.5
19	4.5	4.6	4.7	4.8	4.9	5.0	5.1	5.2	5.3	5.4	5.5	5.6	5.7	5.8	5.9	6.0	6.1	6.2	6.3	6.4
20	4.4	4.5	4.6	4.7	4.8	4.9	5.0	5.1	5.2	5.3	5.4	5.5	5.6	5.7	5.8	5.9	6.0	6.1	6.2	6.3
1/2					4.7	4.8	4.9	5.0	5.1	5.2	5.3	5.4	5.5	5.6	5.7	5.8	5.9	6.0	6.1	6.2
21	4.3	4.4	4.5	4.6		4.7	4.8	4.9	5.0	5.1	5.2	5.3	5.4	5.5	5.6	5.7	5.8	5.9	6.0	6.1
1/2	4.2	4.3	4.4	4.5																
22	4.1	4.2	4.3	4.4	4.5	4.6	4.7	4.8	4.9	5.0	5.1	5.2	5.3	5.4	5.5	5.6	5.7	5.8	5.9	6.0
1/2					4.4	4.5	4.6	4.7	4.8	4.9	5.0	5.1	5.2	5.3	5.4	5.5	5.6	5.7	5.8	5.9
23	4.0	4.1	4.2	4.3	4.3	4.4	4.5	4.6	4.7	4.8	4.9	5.0	5.1	5.2	5.3	5.4	5.5	5.6	5.7	5.8
1/2	3.9	4.0	4.1	4.2																
24	3.8	3.9	4.0	4.1	4.2	4.3	4.4	4.5	4.6	4.7	4.8	4.9	5.0	5.1	5.2	5.3	5.4	5.5	5.6	5.7
1/2	3.7	3.8	3.9	4.0	4.1	4.2	4.3	4.4	4.5	4.6	4.7	4.8	4.9	5.0	5.1	5.2	5.3	5.4	5.5	5.6
25	3.6	3.7	3.8	3.9	4.0	4.1	4.2	4.3	4.4	4.5	4.6	4.7	4.8	4.9	5.0	5.0	5.1	5.2	5.3	5.4

Indications de l'alcoomètre

TEMPÉRATURE	7										8									
	0	1	2	3	4	5	6	7	8	9	0	1	2	3	4	5	6	7	8	9
10	7.5	7.6	7.7	7.8	7.9	8.0	8.1	8.2	8.3	8.4	8.5	8.6	8.7	8.8	8.9	9.0	9.1	9.2	9.3	9.4
11	7.4	7.5	7.6	7.7	7.8	7.9	8.0	8.1	8.2	8.3	8.4	8.5	8.6	8.7	8.8	8.9	9.0	9.1	9.2	9.3
12	7.3	7.4	7.5	7.6	7.7	7.8	7.9	8.0	8.1	8.2	8.3	8.4	8.5	8.6	8.7	8.8	8.9	9.0	9.1	9.2
13	7.2	7.3	7.4	7.5	7.6	7.7	7.8	7.9	8.0	8.1	8.2	8.3	8.4	8.5	8.6	8.7	8.8	8.9	9.0	9.1
14	7.1	7.2	7.3	7.4	7.5	7.6	7.7	7.8	7.9	8.0	8.1	8.2	8.3	8.4	8.5	8.6	8.7	8.8	8.9	9.0
15	7.0	7.1	7.2	7.3	7.4	7.5	7.6	7.7	7.8	7.9	8.0	8.1	8.2	8.3	8.4	8.5	8.6	8.7	8.8	8.9
16	6.9	7.0	7.1	7.2	7.3	7.4	7.5	7.6	7.7	7.8	7.9	8.0	8.1	8.2	8.3	8.4	8.5	8.6	8.7	8.8
17	6.8	6.9	7.0	7.1	7.2	7.3	7.4	7.5	7.6	7.7	7.8	7.9	8.0	8.1	8.2	8.3	8.4	8.5	8.6	8.7
18	6.7	6.8	6.9	7.0	7.1	7.2	7.3	7.4	7.5	7.6	7.7	7.8	7.9	8.0	8.1	8.2	8.3	8.4	8.5	8.6
1/2	6.6	6.7	6.8	6.9	7.0	7.1	7.2	7.3	7.4	7.5	7.6	7.7	7.8	7.9	8.0	8.1	8.2	8.3	8.4	8.5
19	6.5	6.6	6.7	6.8	6.9	7.0	7.1	7.2	7.3	7.4	7.5	7.6	7.7	7.8	7.9	8.0	8.1	8.2	8.3	8.4
1/2							7.0	7.1	7.2	7.3	7.4	7.5	7.6	7.7	7.8	7.9	8.0	8.1	8.2	8.3
20	6.4	6.5	6.6	6.7	6.8	6.9	6.9	7.0	7.1	7.2	7.3	7.4	7.5	7.6	7.7	7.8	7.9	8.0	8.1	8.2
1/2	6.3	6.4	6.5	6.5	6.6	6.7	6.8	6.9	7.0	7.1	7.2	7.3	7.4	7.5	7.6	7.7	7.8	7.9	8.0	8.1
21	6.2	6.3	6.4	6.4	6.5	6.6	6.7	6.8	6.9	7.0	7.1	7.2	7.3	7.4	7.5	7.6	7.7	7.8	7.9	8.0
1/2																7.5	7.6	7.7	7.8	7.9
22	6.1	6.2	6.3	6.3	6.4	6.5	6.6	6.7	6.8	6.9	7.0	7.1	7.2	7.3	7.4	7.4	7.5	7.6	7.7	7.8
1/2	6.0	6.1	6.2	6.2	6.3	6.4	6.5	6.6	6.7	6.8	6.9	7.0	7.1	7.2	7.3	7.3	7.4	7.5	7.6	7.7
23	5.9	6.0	6.1	6.1	6.2	6.3	6.4	6.5	6.6	6.7	6.8	6.9	7.0	7.1	7.2	7.3	7.4	7.5	7.6	7.7
1/2																7.2	7.3	7.4	7.5	7.6
24	5.8	5.9	6.0	6.0	6.1	6.2	6.3	6.4	6.5	6.6	6.7	6.8	6.9	7.0	7.1	7.1	7.2	7.3	7.4	7.5
1/2	5.7	5.8	5.9	5.9	6.0	6.1	6.2	6.3	5.4	6.5	6.6	6.7	6.8	6.9	7.0	7.0	7.1	7.2	7.3	7.4
25	5.5	5.6	5.7	5.8	5.9	6.0	6.1	6.2	6.3	6.4	6.5	6.6	6.7	6.8	6.9	7.0	7.0	7.1	7.2	7.3

Indications de l'alcoomètre

TEMPÉRATURE	9										10									
	0	1	2	3	4	5	6	7	8	9	0	1	2	3	4	5	6	7	8	9
10	9.5	9.6	9.7	9.8	9.9	10.0	10.2	10.3	10.4	10.5	10.6	10.7	10.8	10.9	11.0	11.2	11.3	11.4	11.5	11.6
11	9.4	9.5	9.6	9.7	9.8	9.9	10.0	10.2	10.3	10.4	10.5	10.6	10.7	10.8	10.9	11.0	11.2	11.3	11.4	11.5
12	9.3	9.4	9.5	9.6	9.7	9.8	9.9	10.0	10.2	10.3	10.4	10.5	10.6	10.7	10.8	10.9	11.0	11.2	11.3	11.4
13	9.2	9.3	9.4	9.5	9.6	9.7	9.8	9.9	10.0	10.2	10.3	10.4	10.5	10.6	10.7	10.8	10.9	11.0	11.2	11.3
½																			11.1	11.2
14	9.1	9.2	9.3	9.4	9.5	9.6	9.7	9.8	9.9	10.0	10.2	10.3	10.4	10.5	10.6	10.7	10.8	10.9	11.0	11.1
½											10.1	10.2	10.3	10.4	10.5	10.6	10.7	10.8	10.9	11.0
15	9.0	9.1	9.2	9.3	9.4	9.5	9.6	9.7	9.8	9.9	10.0	10.1	10.2	10.3	10.4	10.5	10.6	10.7	10.8	10.9
16	8.9	9.0	9.1	9.2	9.3	9.4	9.5	9.6	9.7	9.8	9.9	10.0	10.1	10.2	10.3	10.4	10.5	10.6	10.7	10.8
17	8.8	8.9	9.0	9.1	9.2	9.3	9.4	9.5	9.6	9.7	9.8	9.9	10.0	10.1	10.2	10.3	10.4	10.5	10.6	10.7
18	8.7	8.8	8.9	9.0	9.1	9.2	9.3	9.4	9.5	9.6	9.7	9.8	9.9	10.0	10.1	10.2	10.3	10.4	10.5	10.6
½	8.6	8.7	8.8	8.9	9.0	9.1	9.2	9.3	9.4	9.5	9.6	9.7	9.8	9.9	10.0	10.1	10.2	10.3	10.4	10.5
19	8.5	8.6	8.7	8.8	8.9	9.0	9.1	9.2	9.3	9.4	9.5	9.6	9.7	9.8	9.9	10.0	10.1	10.2	10.3	10.4
½	8.4	8.5	8.6	8.7	8.8	8.9	9.0	9.1	9.2	9.3	9.4	9.5	9.6	9.7	9.8	9.9	10.0	10.1	10.2	10.3
20	8.3	8.4	8.5	8.6	8.7	8.8	8.9	9.0	9.1	9.2	9.3	9.4	9.5	9.6	9.7	9.8	9.9	10.0	10.1	10.2
½	8.2	8.3	8.4	8.5	8.6	8.7	8.8	8.9	9.0	9.1	9.2	9.3	9.4	9.5	9.6	9.7	9.8	9.9	10.0	10.1
21	8.1	8.2	8.3	8.4	8.5	8.6	8.7	8.8	8.9	9.0	9.1	9.2	9.3	9.4	9.5	9.6	9.7	9.8	9.9	10.0
½	8.0	8.1	8.2	8.3	8.4	8.5	8.6	8.7	8.8	8.9	9.0	9.1	9.2	9.3	9.4	9.5	9.6	9.7	9.8	9.9
22	7.9	8.0	8.1	8.2	8.3	8.4	8.5	8.6	8.7	8.8	8.9	9.0	9.1	9.2	9.3	9.4	9.5	9.6	9.7	9.8
½											8.8	8.9	9.0	9.1	9.2	9.3	9.4	9.5	9.6	9.7
23	7.8	7.9	8.0	8.1	8.2	8.3	8.4	8.5	8.6	8.7	8.7	8.8	8.9	9.0	9.1	9.2	9.3	9.4	9.5	9.6
½	7.7	7.8	7.9	8.0	8.1	8.2	8.3	8.4	8.5	8.6	8.6	8.7	8.8	8.9	9.0	9.1	9.2	9.3	9.4	9.5
24	7.6	7.7	7.8	7.9	8.0	8.1	8.1	8.2	8.3	8.4	8.5	8.6	8.7	8.8	8.9	9.0	9.1	9.2	9.3	9.4
½	7.5	7.6	7.7	7.8	7.9	8.0	8.0	8.1	8.2	8.3	8.4	8.5	8.6	8.7	8.8	8.9	9.0	9.1	9.2	9.3
25	7.4	7.5	7.6	7.7	7.8	7.9	8.0	8.0	8.1	8.2	8.3	8.4	8.5	8.6	8.7	8.8	8.9	9.0	9.1	9.2

Indications de l'alcoomètre

TEMPÉRATURE	11										12									
	0	1	2	3	4	5	6	7	8	9	0	1	2	3	4	5	6	7	8	9
10	11.7	11.8	11.9	12.0	12.1	12.2	12.3	12.4	12.5	12.6	12.7	12.8	12.9	13.0	13.1	13.2	13.3	13.5	13.6	13.7
½																		13.4	13.5	13.6
11	11.6	11.7	11.8	11.9	12.0	12.1	12.2	12.3	12.4	12.5	12.6	12.7	12.8	12.9	13.0	13.1	13.2	13.3	13.4	13.5
12	11.5	11.6	11.7	11.8	11.9	12.0	12.1	12.2	12.3	12.4	12.5	12.6	12.7	12.8	12.9	13.0	13.1	13.2	13.3	13.4
13	11.4	11.5	11.6	11.7	11.8	11.9	12.0	12.1	12.2	12.3	12.4	12.5	12.6	12.7	12.8	12.9	13.0	13.1	13.2	13.3
½	11.3	11.4	11.5	11.6	11.7	11.8	11.9	12.0	12.1	12.2	12.3	12.4	12.5	12.6	12.7	12.8	12.9	13.0	13.1	13.2
14	11.2	11.3	11.4	11.5	11.6	11.7	11.8	11.9	12.0	12.1	12.2	12.3	12.4	12.5	12.6	12.7	12.8	12.9	13.0	13.1
½	11.1	11.2	11.3	11.4	11.5	11.6	11.7	11.8	11.9	12.0	12.1	12.2	12.3	12.4	12.5	12.6	12.7	12.8	12.9	13.0
15	11.0	11.1	11.2	11.3	11.4	11.5	11.6	11.7	11.8	11.9	12.0	12.1	12.2	12.3	12.4	12.5	12.6	12.7	12.8	12.9
16	10.9	11.0	11.1	11.2	11.3	11.4	11.5	11.6	11.7	11.8	11.9	12.0	12.1	12.2	12.3	12.4	12.5	12.6	12.7	12.8
½				11.1	11.2	11.3	11.4	11.5	11.6	11.7	11.8	11.9	12.0	12.1	12.2	12.3	12.4	12.5	12.6	12.7
17	10.8	10.9	11.0	11.1	11.2	11.2	11.3	11.4	11.5	11.6	11.7	11.8	11.9	12.0	12.1	12.2	12.3	12.4	12.5	12.6
½				11.1																
18	10.7	10.8	10.9	11.0	11.0	11.1	11.2	11.3	11.4	11.5	11.6	11.7	11.8	11.9	12.0	12.1	12.2	12.3	12.4	12.5
½	10.6	10.7	10.8	10.9	10.9	11.0	11.1	11.2	11.3	11.4	11.5	11.6	11.7	11.8	11.9	12.0	12.1	12.2	12.3	12.4
19	10.5	10.6	10.7	10.8	10.9	11.0	11.1	11.1	11.2	11.3	11.4	11.5	11.6	11.7	11.8	11.9	12.0	12.1	12.2	12.3
½	10.4	10.5	10.6	10.7	10.8	10.9	11.0	11.0	11.1	11.2	11.3	11.4	11.5	11.6	11.7	11.8	11.9	12.0	12.1	12.2
20	10.3	10.4	10.5	10.6	10.7	10.8	10.9	11.0	11.0	11.1	11.2	11.3	11.4	11.5	11.6	11.7	11.8	11.9	12.0	12.1
½	10.2	10.3	10.4	10.5	10.6	10.7	10.8	10.9	11.0	11.0	11.1	11.2	11.3	11.4	11.5	11.6	11.7	11.8	11.9	12.0
21	10.1	10.2	10.3	10.4	10.5	10.6	10.7	10.8	10.9	10.9	11.0	11.1	11.2	11.3	11.4	11.5	11.6	11.7	11.8	11.9
½	10.0	10.1	10.2	10.3	10.4	10.4	10.5	10.6	10.7	10.8	10.9	11.0	11.1	11.2	11.3	11.4	11.5	11.6	11.7	11.8
22	9.9	10.0	10.1	10.2	10.3	10.3	10.4	10.5	10.6	10.7	10.8	10.9	11.0	11.1	11.2	11.2	11.3	11.4	11.5	11.6
½	9.8	9.9	10.0	10.1	10.2	10.2	10.3	10.4	10.5	10.6	10.7	10.8	10.9	11.0	11.1	11.1	11.2	11.3	11.4	11.5
23	9.7	9.8	9.9	10.0	10.1	10.1	10.2	10.3	10.4	10.5	10.6	10.7	10.8	10.9	11.0	11.0	11.1	11.2	11.3	11.4
½	9.6	9.7	9.8	9.9	10.0	10.0	10.1	10.2	10.3	10.4	10.5	10.6	10.7	10.8	10.9	10.9	11.0	11.1	11.2	11.3
24	9.5	9.6	9.7	9.8	9.9	9.9	10.0	10.1	10.2	10.3	10.4	10.5	10.6	10.7	10.8	10.8	10.9	11.0	11.1	11.2
½	9.4	9.5	9.6	9.7	9.8	9.8	9.9	10.0	10.1	10.2	10.3	10.4	10.5	10.6	10.7	10.7	10.8	10.9	11.0	11.1
25	9.3	9.4	9.5	9.6	9.7	9.7	9.8	9.9	10.0	10.1	10.2	10.3	10.4	10.5	10.6	10.6	10.7	10.8	10.9	11.0

Indications de l'alcoomètre

TEMPÉRATURE	13										14									
	0	1	2	3	4	5	6	7	8	9	0	1	2	3	4	5	6	7	8	9
10	13.8	13.9	14.0	14.1	14.2	14.3	14.4	14.5	14.6	14.8	14.9	15.0	15.1	15.2	15.3	15.4	15.5	15.7	15.9	15.9
1/2	13.7	13.8	13.9	14.0	14.1	14.2	14.3	14.4	14.5	14.7	14.8	14.9	15.0	15.1	15.2	15.3	15.4	15.6	15.7	15.8
11	13.6	13.7	13.8	13.9	14.0	14.1	14.2	14.3	14.4	14.6	14.7	14.8	14.9	15.0	15.1	15.2	15.3	15.5	15.6	15.7
1/2																		15.4	15.5	15.6
12	13.5	13.6	13.7	13.8	13.9	14.0	14.1	14.2	14.3	14.5	14.6	14.7	14.8	14.9	15.0	15.1	15.2	15.3	15.4	15.5
1/2										14.4	14.5	14.6	14.7	14.8	14.9	15.0	15.1	15.2	15.3	15.4
13	13.4	13.5	13.6	13.7	13.8	13.9	14.0	14.1	14.2	14.3	14.4	14.5	14.6	14.7	14.8	14.9	15.0	15.1	15.2	15.3
1/2	13.3	13.4	13.5	13.6	13.7	13.8	13.9	14.0	14.1	14.2	14.3	14.4	14.5	14.6	14.7	14.8	14.9	15.0	15.1	15.2
14	13.2	13.3	13.4	13.5	13.6	13.7	13.8	13.9	15.0	14.1	14.2	14.3	14.4	14.5	14.6	14.7	14.8	14.9	15.0	15.1
1/2	13.1	13.2	13.3	13.4	13.5	13.6	13.7	13.8	13.9	14.0	14.1	14.2	14.3	14.4	14.5	14.6	15.7	14.8	14.9	15.0
15	13.0	13.1	13.2	13.3	13.4	13.5	13.6	13.7	13.8	13.9	14.0	14.1	14.2	14.3	14.4	14.5	14.6	14.7	14.8	14.9
16	12.9	13.0	13.1	13.2	13.3	13.4	13.5	13.6	13.7	13.8	13.9	14.0	14.1	14.2	14.3	14.4	14.5	14.6	14.7	14.8
1/2	12.8	12.9	13.0	13.1	13.2	13.3	13.4	13.5	13.6	13.7	13.8	13.9	14.0	14.1	14.2	14.3	14.4	14.5	14.6	14.7
17	12.7	12.8	12.9	13.0	13.1	13.2	13.3	13.4	13.5	13.6	13.7	13.8	13.9	14.0	14.1	14.2	14.3	14.4	14.5	14.6
1/2	12.6	12.7	12.8	12.9	13.0	13.1	13.2	13.3	13.4	13.5	13.6	13.7	13.8	13.9	14.0	14.1	14.2	14.3	14.5	14.5
18	12.5	12.6	12.7	12.8	12.9	13.0	13.1	13.2	13.3	13.4	13.5	13.6	13.7	13.8	13.9	14.0	14.1	14.2	14.3	14.4
1/2	12.5	12.6	12.7	12.8	12.9	13.0	13.1	13.2	13.3	13.3	13.4	13.5	13.6	13.7	13.8	13.9	14.0	14.1	14.2	14.3
19	12.4	12.5	12.6	12.7	12.8	12.9	13.0	13.1	13.2	13.2	13.3	13.4	13.5	13.6	13.7	13.8	13.9	14.0	14.1	14.2
1/2	12.3	12.4	12.5	12.6	12.7	12.8	12.9	13.0	13.1	13.1	13.2	13.3	13.4	13.5	13.6	13.7	13.8	13.8	13.9	14.0
20	12.2	12.3	12.4	12.5	12.6	12.7	12.7	12.8	12.9	13.0	13.1	13.2	13.3	13.4	13.5	13.5	13.6	13.7	13.8	13.9
1/2	12.1	12.2	12.2	12.3	12.4	12.5	12.6	12.7	12.8	12.9	12.9	13.0	13.1	13.2	13.3	13.4	13.5	13.6	13.7	13.8
21	12.0	12.1	12.1	12.2	12.3	12.4	12.5	12.6	12.7	12.8	12.8	12.9	13.0	13.1	13.2	13.2	13.3	13.4	13.5	13.6
1/2	11.9	12.0	12.0	12.1	12.2	12.3	12.4	12.5	12.6	12.7	12.7	12.8	12.9	13.0	13.0	13.1	13.2	13.3	13.4	13.5
22	11.7	11.8	11.9	12.0	12.1	12.1	12.2	12.3	12.4	12.5	12.6	12.7	12.8	12.9	13.0	13.0	13.1	13.2	13.3	13.4
1/2	11.6	11.7	11.8	11.9	12.0	12.0	12.1	12.2	12.3	12.4	12.5	12.6	12.7	12.8	12.9	12.9	13.0	13.1	13.2	13.3
23	11.5	11.6	11.7	11.8	11.9	11.9	12.0	12.1	12.2	12.3	12.4	12.5	12.6	12.7	12.8	12.8	12.9	13.0	13.1	13.2
1/2	11.4	11.5	11.6	11.7	11.8	11.8	11.9	12.0	12.1	12.2	12.3	12.4	12.5	12.6	12.7	12.7	12.8	12.9	13.0	13.1
24	11.3	11.4	11.5	11.6	11.7	11.7	11.8	11.9	12.0	12.1	12.2	12.3	12.4	12.5	12.6	12.6	12.7	12.8	12.9	13.0
1/2	11.2	11.3	11.4	11.5	11.6	11.6	11.7	11.8	11.9	12.0	12.1	12.2	12.3	12.3	12.4	12.5	12.6	12.7	12.8	12.9
25	11.1	11.2	11.3	11.4	11.5	11.5	12.6	11.7	11.8	11.9	12.0	12.1	12.2	12.2	12.3	12.4	12.5	12.6	12.6	12.7

Indications de l'alcoomètre

Température (T) vs. indications de l'alcoomètre pour les groupes **15** et **16**.

Température	15 — 0	1	2	3	4	5	6	7	8	9	16 — 0	1	2	3	4	5	6	7	8	9
10	16.0	16.1	16.2	16.3	16.4	16.5	16.6	16.7	16.8	16.9	17.0	17.1	17.2	17.3	17.4	17.5	17.7	17.8	17.9	18.0
½	15.9	16.0	16.1	16.2	16.3	16.4	16.5	16.6	16.7	16.8	16.9	17.0	17.1	17.2	17.3	17.4	17.6	17.7	17.8	17.9
11	15.8	15.9	16.0	16.1	16.2	16.3	16.4	16.5	16.6	16.7	16.8	16.9	17.0	17.1	17.2	17.3	17.5	17.6	17.7	17.8
½	15.7	15.8	15.9	16.0	16.1	16.2	16.3	16.4	16.5	16.6	16.7	16.8	16.9	17.0	17.1	17.2	17.3	17.4	17.5	17.6
12	15.6	15.7	15.8	15.9	16.0	16.1	16.2	16.3	16.4	16.5	16.6	16.7	16.8	16.9	17.0	17.1	17.2	17.3	17.4	17.5
½	15.5	15.6	15.7	15.8	15.9	16.0	16.1	16.2	16.3	16.4	16.5	16.6	16.7	16.8	16.9	17.0	17.1	17.2	17.3	17.4
13	15.4	15.5	15.6	15.7	15.8	15.9	16.0	16.1	16.2	16.3	16.4	16.5	16.6	16.7	16.8	16.9	17.0	17.1	17.2	17.3
½	15.3	15.4	15.5	15.6	15.7	15.8	15.9	16.0	16.1	16.2	16.3	16.4	16.5	16.6	16.7	16.8	16.9	17.0	17.1	17.2
14	15.2	15.3	15.4	15.5	15.6	15.7	15.8	15.9	16.0	16.1	16.2	16.3	16.4	16.5	16.6	16.7	16.8	16.9	17.0	17.1
½	15.1	15.2	15.3	15.4	15.5	15.6	15.7	15.8	15.9	16.0	16.1	16.2	16.3	16.4	16.5	16.6	16.7	16.8	16.9	17.0
15	15.0	15.1	15.2	15.3	15.4	15.5	15.6	15.7	15.8	15.9	16.0	16.1	16.2	16.3	16.4	16.5	16.6	16.7	16.8	16.9
16	14.9	15.0	15.1	15.2	15.3	15.4	15.5	15.6	15.7	15.8	15.9	16.0	16.1	16.2	16.3	16.4	16.5	16.6	16.7	16.8
½	14.8	14.9	15.0	15.1	15.2	15.2	15.3	15.4	15.5	15.6	—75	15.8	15.9	—05	—15	—25	—35	—45	—55	—65
17	14.7	14.8	14.9	15.0	15.1	15.1	15.2	15.3	15.4	15.5	15.6	15.7	15.8	15.9	16.0	16.1	16.2	16.3	16.4	16.5
½	14.6	14.7	14.8	14.9	14.9	15.0	15.1	15.2	15.3	15.4	15.5	15.6	15.7	15.8	15.9	15.9	16.0	16.1	16.2	16.3
18	14.5	14.6	14.7	14.8	14.8	14.9	15.0	15.1	15.2	15.3	15.4	15.5	15.6	15.7	15.8	15.8	15.9	16.0	16.1	16.2
½	14.4	14.5	14.6	14.7	14.7	14.8	14.9	15.0	15.1	15.2	15.3	15.4	15.5	15.6	15.7	15.7	15.8	15.9	16.0	16.1
19	14.3	14.4	14.5	14.6	14.7	14.7	14.8	14.8	15.0	15.1	15.2	15.3	15.4	15.5	15.6	15.6	15.7	15.8	15.9	16.0
½	14.1	14.2	14.3	14.4	14.5	14.6	14.6	14.7	14.8	14.9	15.0	15.1	15.2	15.3	15.4	15.5	15.6	15.7	15.8	15.9
20	14.0	14.1	14.2	14.3	14.4	14.4	14.5	14.6	14.7	14.8	14.9	15.0	15.1	15.2	15.3	15.3	15.4	15.5	15.6	15.7
½	13.8	13.9	14.0	14.1	14.2	14.3	14.4	14.5	14.6	14.6	—75	14.8	14.9	15.0	15.1	15.2	15.3	15.4	15.5	15.6
21	13.7	13.8	13.9	14.0	14.0	14.1	14.2	14.3	14.4	14.5	14.6	14.7	14.8	14.9	15.0	15.0	15.1	15.2	15.3	15.4
½	13.6	13.7	13.8	13.9	14.0	14.0	14.1	14.2	14.3	14.4	14.5	14.6	14.7	14.8	14.9	14.9	15.0	15.1	15.2	15.3
22	13.5	13.6	13.7	13.8	13.9	14.0	14.0	14.1	14.2	14.3	14.4	14.5	14.6	14.6	14.8	14.8	14.9	15.0	15.1	15.2
½	13.4	13.5	13.6	13.6	13.7	13.8	13.9	14.0	14.0	14.1	—25	14.3	14.4	14.5	14.6	14.7	14.8	14.9	15.0	15.8
23	13.3	13.4	13.4	13.5	13.6	13.7	13.8	13.9	13.9	14.0	14.1	14.2	14.3	14.4	14.5	14.5	14.6	14.7	14.8	14.9
½	13.2	13.3	13.4	13.4	13.5	13.6	13.7	13.8	13.8	13.9	14.0	14.1	14.2	14.3	14.4	14.4	14.5	14.6	14.7	14.8
24	13.1	13.2	13.3	13.3	13.4	13.5	13.6	13.6	13.7	13.8	13.9	14.0	14.1	14.2	14.3	14.3	14.4	14.5	14.6	14.7
½	12.9	13.0	13.1	13.2	13.3	13.3	13.4	13.5	13.6	13.7	—75	13.8	13.9	14.0	14.1	14.2	14.3	14.4	14.5	14.6
25	12.8	12.9	13.0	13.0	13.1	13.2	13.3	13.4	13.4	13.5	13.6	13.7	13.8	13.9	14.0	14.0	14.1	14.2	14.3	14.4

TEMPÉRATURE

A cet effet, on lit dans la première colonne verticale le degré marqué par le thermomètre, puis on suit la ligne horizontale à laquelle appartient ce nombre, jusqu'à la ligne verticale qui renferme le degré alcoométrique observé. Le nombre qui se trouve au point d'intersection de ces deux lignes indique le titre alcoolique à la température déterminée.

Lorsque le vin possède un titre alcoolique supérieur à 15°, on mélange le liquide à essayer avec un égal volume d'eau. On multiplie le résultat obtenu par 2.

Dosage de l'alcool par l'ébullioscope ou ébulliomètre Salleron (fig. 19). — L'eau entrant en ébullition à 100° et l'alcool ne bouillant qu'à 78°3 sous la pression barométrique de 760^{mm}, on a pensé qu'en déterminant le point d'ébullition d'un vin on pourrait au moyen de tables en connaître la richesse alcoolique.

M. Salleron a déterminé l'influence des matières extractives des vins sur le point d'ébullition

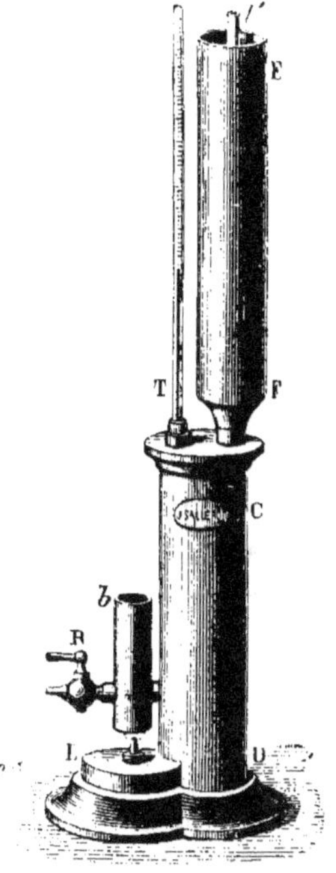

Fig. 19. — Ebulliomètre Salleron.

et il a découvert que ces matières sont sans influence directe, mais qu'elles agissent sur le résultat par leur volume.

En admettant qu'un vin renferme 20 gr. d'extrait par litre, la densité de cet extrait étant à peu près 19.4, le volume de cet extrait sera de 0 c. c. 515 pour 1 gramme p. 100.

Alcool.   10
Eau   89
Extrait   1

100

Nous avons donc en eau et alcool 99, soit pour 100 d'alcool 10° 1.

Mais d'autres corps viennent compliquer le problème en modifiant la température d'ébullition du liquide, nous citerons les sucres, les éthers ou huiles essentielles, l'acide acétique, etc., et c'est là ce qui explique l'impossibilité de calculer une échelle exacte pour régler les ébulliomètres. Leur échelle est empirique.

Donc, les ébulliomètres ne peuvent servir à l'essai des vins liquoreux ou de liqueur ni des vins piqués.

L'ébulliomètre Salleron se compose d'une chaudière, contenant le liquide soumis à l'essai, et enfermée dans une enveloppe qui la protége contre le rayonnement extérieur et régularise le chauffage obtenu à l'aide d'une lampe à alcool L à flamme constante. A l'avant de la chaudière et à sa partie inférieure se trouve un petit tube vertical, protégé vers le milieu de sa longueur par un manchon ; c'est cette partie du tube qui est chauffée par la lampe à alcool. A l'extrémité de ce tube se trouve un robinet R, permettant de vider la chaudière.

Un réfrigérant EF, fixé sur le sommet de la chaudière, condense les vapeurs alcooliques qui s'élèvent dans un serpentin intérieur, en maintenant l'uniformité de la température.

Un thermomètre T, divisé en dixièmes de degré, est fixé au moyen d'un bouchon de caoutchouc dans la tubulure de la chaudière ; son réservoir plonge au sein du liquide chauffé.

Une échelle ébulliométrique à coulisse est jointe à l'appareil et sert à transformer en richesse alcoolique les températures accusées en degrés centigrades par le thermomètre.

Une éprouvette graduée en 100 parties, destinée à mesurer le volume du vin sur lequel on doit opérer, sert aussi à effectuer les dilutions dans le cas de vins très alcooliques.

Réglage de l'appareil. — Les variations de la pression barométrique modifiant la température d'ébullition des liquides, il faut, avant de commencer une série d'essais, déterminer la température d'ébullition de l'eau.

1° On remplit jusqu'à la division *Eau* (15 c. c.) le tube gradué qui accompagne l'appareil en y versant de l'eau distillée que l'on fait passer dans la chaudière de l'ébulliomètre par la tubulure du thermomètre.

2° Introduire dans la dite tubulure le thermomètre T.

3° Chauffer le thermo-siphon au moyen de la lampe à alcool.

Lorsque la colonne de mercure, après avoir pris une marche ascensionnelle, s'arrête et devient fixe, on lit la division du thermomètre qui coïncide avec le sommet du mercure, soit 100°1 par exemple.

4° Prendre alors la règle à coulisse de l'ébulliomètre et au moyen de l'écrou quelle porte au verso, placer la division 100°1 de la réglette mobile en face le 0 de l'échelle fixe. Puis serrer l'écrou pour fixer la réglette (fig. 20).

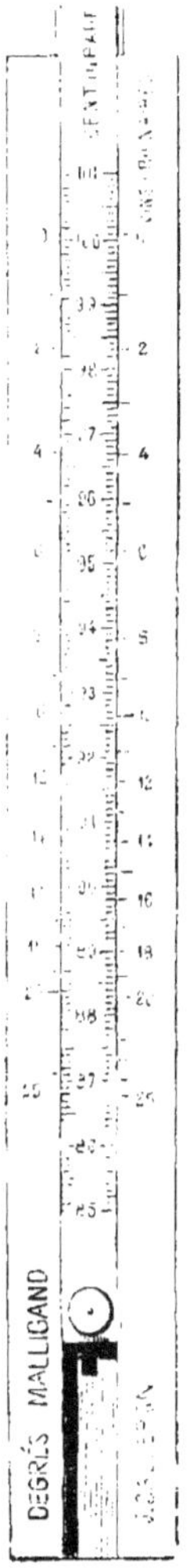

Fig. 20. — Règle ébulliométrique.

Mode opératoire. — On rince la chaudière avec le vin à essayer après avoir expulsé le liquide qu'elle contenait.

Lorsqu'elle est refroidie — ce qui s'obtient promptement en soufflant par la tubulure du serpentin qui débouche au sommet du réfrigérant, — on remplit l'éprouvette avec du vin jusqu'au trait marqué (50 c. c.) et on le verse dans la chaudière.

On remplit le réfrigérant D avec de l'eau froide, on place le thermomètre T dans sa tubulure et on chauffe.

Quand le point d'ébullition fixe est obtenu, sans rien changer à la disposition de la règle, on cherche à quel titre correspond le degré de température trouvé.

Admettons que nous ayons lu 92°1. La division qui se trouve en face de la température précitée donne le titre alcoolique du vin, soit 10° 7/10 pour l'exemple que nous avons choisi (point d'ébullition de l'eau 100°1).

Dosage de l'extrait sec par la méthode Houdart. — Le procédé Houdart est basé sur l'emploi d'un densimètre spécial qu'il a nommé *œnobaromètre*. Ce densimètre est gradué en 5mes de degré de 1 à 16. Un degré correspond à 0,987 de densité. 16° = 1,002 de densité. Chaque augmentation de 1 degré représente un accroissement de densité de 1 gramme par litre.

M. Houdart a montré que, connaissant le titre du vin en alcool et la densité du résidu de distillation, il est possible d'en déduire la teneur en *extrait sec* ; soit :

P, le poids de l'extrait d'un litre de vin à 100° ;

D, la densité de ce vin à 15° ;

D', la densité d'un mélange d'alcool et d'eau correspondant au titre alcoolique du vin ;

C, la densité de l'extrait sec ;

d, la densité de l'eau à 0°.

Il existe entre ces divers facteurs la relation suivante :

$$ P = \frac{1000\,c}{C - d} \, (D - D') $$

En remplaçant C et d par leur valeur, on obtient :

$$a = 2.062 \; (D - D')$$

Pour déterminer le coefficient de 2.062, Houdart a pris la densité de la matière extractive de tous les vins connus ; il a trouvé que le chiffre de 1.94 représentait la densité moyenne de l'extrait sec de plus de 500 échantillons choisis parmi les crus de tous les pays.

Mode opératoire. — 1° On détermine le degré alcoolique du vin à 15° centigrades ainsi qu'il a été dit précédemment.

2° Placer le vin dans une éprouvette assez grande, y plonger à la fois un thermomètre et l'œnobaromètre lorsque les bulles d'air produites par l'agitation ont complètement disparu.

3° Quand la température est devenue constante, et que l'œnobaromètre reste fixe, faire la lecture du degré au dessus du ménisque. On note la température indiquée par le thermomètre.

Ces résultats étant inscrits, on cherche au moyen des tables qui accompagnent l'instrument quelle est la correction due à la température qu'il faut faire subir au nombre.

Les tables peuvent être remplacées par une règle à coulisse jointe à l'œnobaromètre et construite par Salleron.

Cette règle (fig. 21) porte trois graduations différentes: celle de droite, nommée *œnobarométrique*, représente les indications de l'œnobaromètre, avec ses degrés divisés en 5mes; celle du milieu, dite *alcool*, indique les degrés alcooliques en cinquièmes de degrés, obtenus soit avec l'alambic, soit avec l'ébulliomètre Salleron;

Fig. 21. — Règle œnobarométrique

enfin l'échelle de gauche, nommée *extrait*, fait connaître le poids de l'extrait sec en grammes et en cinquièmes de grammes.

Pour utiliser cette règle, on amène la flèche tracée sur l'échelle *alcool*, en face du chiffre de l'*œnobaromètre*, et on lit sur la règle de gauche *extrait sec*, le chiffre placé en face du degré alcool ; c'est bien plus pratique que de chercher dans les tables.

Les résultats obtenus par ce moyen comparés à ceux que donne la dessiccation directe à 100° ne diffèrent pas en moyenne de plus 0 gr. 5 à 0 gr. 6 par litre.

Ce procédé ne peut s'appliquer aux vins contenant plus de 2 gr. 5 de sucre de raisin par litre.

On peut déterminer l'extrait d'un vin en prenant la densité de son résidu de distillation ramené au volume primitif à 15° centigrades. En prenant la densité du résidu de distillation ramené à 200 centimètres cubes à 15° et en diminuant le chiffre trouvé de la densité de l'eau, on obtient D — D'.

Cette valeur multipliée par la densité moyenne des extraits secs, soit 2,0, donne l'extrait sec par litre. Exemple : la densité du résidu d'un vin étant 1010,3 nous aurons :

$$1010,3 - 1000 = 10,3 \times 2 = 20,60$$

20,60 représente l'extrait par litre en fonction de la densité du résidu.

Dosage de l'extrait sec par évaporation à 100°. — Pour procéder à ce dosage, il faut un bain-marie à niveau constant fermé par un couvercle muni de trous d'une dimension telle que la capsule de platine de 7 centimètres de diamètre et de 2 centimètres de profondeur (ces dimensions sont obligatoires afin d'obtenir des chiffres comparables) puisse s'y enchâsser, sans toutefois dépasser la surface du couvercle de plus de 1 centimètre : le fond baigne dans l'eau du bain-marie. Il ne doit pas y avoir de capsule au milieu de la plaque : toutes doivent être à la circonférence (fig. 22).

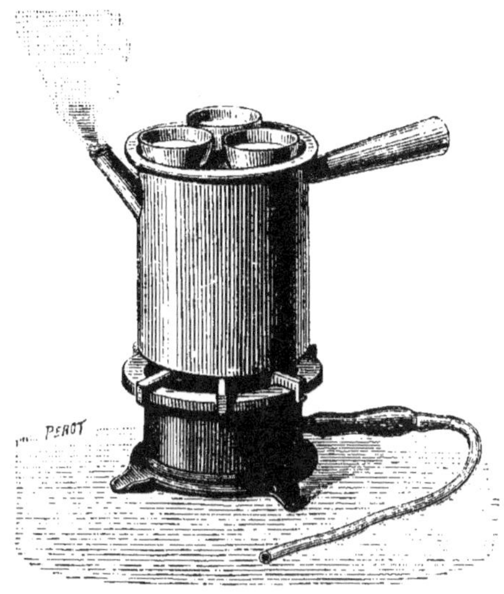

Fig. 22. — Bain-marie.

Mode opératoire. — 1° Prendre une capsule de platine du modèle adopté. On la pose pendant quelques minutes sur le bain-marie bouillant, on l'essuie, puis après l'avoir mise à refroidir sour une cloche à dessiccation (fig. 23), on la tare exactement.

2° On mesure 25 centimètres cubes de vin à l'aide d'une pipette et on les verse dans la capsule.

3° Porter à l'ébullition l'eau du bain-marie. On place alors la capsule et son contenu dans l'un des trous du couvercle.

4° Au bout de 8 heures on retire la capsule qui est soigneusement essuyée extérieurement avec un linge fin et très propre, et placée au dessiccateur à acide sulfurique (fig. 23), où elle se refroidit : on pèse rapidement sur une bonne balance en employant la méthode des doubles pesées (que nous avons indiquée page 81).

Le poids trouvé multiplié par 40 donne les matières fixes ou extrait sec à 100° par litre.

Fig. 23. — Dessiccateur à acide sulfurique.

L'extrait peut aussi être obtenu à l'aide du vide, la différence entre le poids de l'extrait dans le vide et de l'extrait à chaud indique la présence de la glycérine. Cette méthode donne un poids notablement supérieur à celui que fournit la dessiccation à 100°.

Si le vin essayé renferme une notable proportion de sucre, il faudra l'étendre de 2 ou 3 fois son volume d'eau, de manière à ce qu'il ne donne pas plus de 25 ou 30 grammes d'extrait sec par litre. Avec ces vins, les résultats sont moins sûrs.

Dosage des cendres. — Placer la capsule renfermant l'extrait sec, obtenu précédemment, au bord du moufle d'un fourneau à réverbère chauffé très modérément tant qu'il se dégage des vapeurs odorantes, puis on l'amène progressivement au rouge sombre.

On avance alors peu à peu la capsule dans le moufle de façon à ce que le fond arrive à peine au rouge sombre.

On pousse l'incinération jusqu'à obtention d'une cendre blanche, rouge brunâtre ou rouge, parfois légèrement verdâtre, mais ne présentant aucun point noir.

Si les points noirs (charbon) résistent, il faut laisser

refroidir le résidu, le reprendre par quelques gouttes d'eau distillée chaude, évaporer avec précaution sur la tablette qui se trouve en avant du moufle, puis incinérer à nouveau en poussant pendant quelques instants jusqu'au rouge cerise.

Après refroidissement sous cloche en présence d'acide sulfurique qui enlève l'humidité, on pèse rapidement, les cendres blanches étant très hygrométriques. Le poids trouvé, tare déduite, multiplié par 40, donne les cendres par litre de vin.

Les cendres qui ne deviennent pas blanches à la simple calcination renferment en général du chlorure de sodium.

Aux cendres obtenues on ajoute quelques centimètres cubes d'eau distillée bouillante, puis 5 c. c. d'acide sulfurique décinormal, on laisse digérer à une douce chaleur, ensuite on titre l'excès d'acide en présence de la phtaléine du phénol à l'aide d'une solution décime et on calcule l'alcalinité en carbonate de potassium.

La différence entre la quantité d'acide introduit et la quantité restée libre correspond à l'alcalinité (carbonate de potasse). Le nombre de centimètres cubes d'acide sulfurique décime manquant est multiplié par 0,00691, puis par 40 pour l'alcalinité totale des cendres évaluées en carbonate de potasse (CO^3K^2). La solution décime de soude (carbonate de soude anhydre) correspond à 0,0053 d'acide sulfurique décime par centimètre cube.

Un vin naturel n'ayant subi aucun traitement donne toujours des cendres alcalines.

Les cendres se composent de tous les sels minéraux et des bases minérales à acides organiques que la calcination a transformés en acide carbonique pour former des carbonates : le bitartrate de potasse est changé en carbonate de potasse ; le malate et le tartrate de chaux sont changés en carbonate de chaux, etc. On peut rechercher dans les cendres les matières minérales non volatiles, telles que baryte, cuivre, etc., provenant de matières étrangères ajoutées intentionnellement ou accidentellement au vin examiné.

Pour remplacer l'acide carbonique des carbonates qui a pu disparaître, on imbibe les cendres blanches d'une dissolution de carbonate d'ammoniaque après les avoir retirées du moufle, puis on dessèche et on chauffe à nouveau sans dépasser le rouge sombre avant de peser comme il a été dit.

L'extrait sec à $100°$ d'un vin sucré est toujours un peu faible à cause de la décomposition partielle des sucres naturels du vin à cette température. Même en évaporant une petite quantité de vin, 1 à 2 grammes par exemple, on n'obtient pas toujours des résultats exacts.

Le meilleur moyen est le suivant :

On introduit quelques grammes de sable siliceux, ne faisant pas effervescence avec les acides, dans une capsule à fond plat que l'on chauffe pour chasser toute l'humidité, puis on y place une petite baguette légère en verre creux et on pèse. On ajoute 2 ou 3 c. c. de vin, on pèse rapidement pour avoir le poids du vin ajouté et on porte à l'étuve. Pendant la première heure, on remue souvent le sable avec précaution à l'aide de la baguette de verre et on cesse d'agiter quand le tout durcit. Lorsque deux pesées consécutives, faites à demi-heure d'intervalle, donnent le même poids, on calcule l'extrait par rapport au kilogramme et on ramène au litre en multipliant par le poids spécifique du vin indiqué par le densimètre.

Il est préférable, en opérant sur une petite quantité, d'effectuer le dosage avec un poids déterminé par la balance plutôt qu'avec un volume donné, car l'erreur peut être très forte dans le dernier cas.

Essai de plâtrage. Dosage du sulfate de potasse. — La mise en vente de vins contenant plus de 2 grammes de sulfate de potasse est interdite. (Circulaire du 27 juillet 1880.)

Le plâtrage diminue la richesse en crème de tartre et introduit dans le vin du sulfate de potasse.

Le tartre ou bitartrate de potasse est d'autant plus soluble que le vin est moins riche en alcool ; aussi se dépose-t-il dans les lies, à mesure que se produit la fermentation alcoolique : les vins en contiennent en moyenne 2 grammes par litre.

Le plâtrage se fait à la cuve, en présence du marc qui contient une réserve considérable de bitartrate de potasse ; celui-ci se redissout dans le moût au fur et à mesure que la quantité préexistante est transformée par le sulfate de chaux, de sorte que, si l'on a employé une quantité mesurée de gypse, le vin obtenu n'est guère plus pauvre en tartre que s'il n'avait pas été plâtré. D'autre part, la solubilité de la potasse à l'état de bitartrate est limitée, tandis qu'elle est bien plus forte lorsque cette base est à l'état de sulfate. Il s'ensuit qu'un vin plâtré est plus riche en potasse qu'un vin naturel.

Ordinairement on se contente de s'assurer si la limite de tolérance (2 grammes) n'est pas dépassée.

On prépare une solution de 14 grammes de chlorure de baryum cristallisé dans 800 centimètres cubes d'eau distillée environ : on ajoute 50 centimètres cubes d'acide chlorhydrique pur, puis on complète le volume de 1 litre avec de l'eau distillée : 10 centimètres cubes de cette liqueur précipitent 0,1 gramme de sulfate de potasse.

Pour l'essai, on ajoute 5 centimètres cubes de liqueur barytique à 25 centimètres cubes de vin et on fait bouillir. Maintenir l'ébullition pendant un temps assez long. Le sulfate de baryte passant facilement à travers les pores du papier, reverser la liqueur filtrée sur le filtre jusqu'à ce que le filtratum soit limpide. Cette précaution est indispensable lorsqu'on dose le sulfate de potasse en poids.

On fait 2 parts du liquide filtré. On ajoute quelques gouttes de liqueur barytique dans l'une, et, dans l'autre, quelques gouttes d'acide sulfurique dilué.

Si le vin est plâtré à plus de 2 grammes par litre, la solution titrée produit un trouble. Si le vin est plâtré à moins de 2 grammes par litre, c'est l'acide qui donne un précipité.

Pour procéder au *dosage du sulfate de potasse en poids :*

1° On prélève, au moyen d'une pipette à deux traits de jauge, 100 c. c. de vin, et on y ajoute quelques décigrammes de nitrate de potasse ;

2° On évapore à sec, puis on calcine avec ménagement ;

3° On reprend les cendres par l'eau nettement acidulée par l'acide chlorhydrique pur : filtrer ;

4° Porter à l'ébullition. Ajouter peu à peu 10 centimètres cubes environ d'une solution contenant 100 grammes de chlorure de baryum pur, 100 grammes de chlorhydrate d'ammoniaque et 50 c. c. d'acide chlorhydrique par litre. Le chlorhydrate facilite le dépôt du sulfate de baryte ;

5° Maintenir l'ébullition pendant 15 minutes et laisser déposer ;

6° Filtrer à chaud sur un filtre Berzélius sans plis dont on connaît le poids des cendres ;

7° Laver le précipité sur le filtre avec de l'eau distillée bouillante jusqu'à ce que l'eau de lavage ne précipite plus pas une goutte d'acide sulfurique ;

8° Sécher le filtre et le précipité à l'étuve à 100° ;

9° Détacher le précipité du filtre, recueillir le précipité sur un papier lisse et noir, le recouvrir d'un entonnoir ;

10° Incinérer le filtre dans une capsule tarée, puis, quand les cendres sont blanches, laisser refroidir et ajouter 2 gouttes d'acide sulfurique ;

11° Evaporer l'excès d'acide au bain de sable avec précaution pour éviter les projections. Ajouter le précipité de sulfate de baryte ; porter le tout au rouge pendant quelques minutes ;

12° Laisser refroidir à l'exsiccateur à acide sulfurique et peser. L'augmentation de poids de la capsule p, multiplié par 0,747, puis par 10, donne le poids de sulfate de potasse contenu dans un litre de vin.

Dosage des chlorures. — On sait que les vins qui contiennent plus de 1 gramme de chlorure de sodium par litre évalué en chlorure d'argent sont considérés comme ayant reçu une addition de sel marin.

Les différents auteurs qui ont étudié cette question indiquent des teneurs inférieures à ce chiffre.

M. Ch. Girard admet qu'un vin qui renferme plus de 2 décigrammes par litre a subi l'opération du salage. Et l' « Agenda des Chimistes » n'admet guère qu'un décigramme, même pour des vins récoltés sur des terrains salés.

Nous avons eu l'occasion d'analyser souvent des vins faits au laboratoire et provenant de terrains salés (France-Algérie). Le sel ne se trouve pas sur la pellicule même dans les endroits où le raisin est exposé aux vents humides de la mer ou aux embruns.

En choisissant la vendange sur les points les plus exposés à l'action du sel, on peut trouver parfois des vins qui renferment naturellement plus de 5 grammes 5 de chlorure de sodium par litre, mais ce sont là des cas exceptionnels. On peut admettre que le vin moyen des vignes plantées dans les sables du littoral, sur les bords de la mer et des étangs salés, ne contient pas plus de 0 gr. 7 à 0 gr. 8 par litre.

Le chlorure de sodium est souvent introduit dans le vin sous forme de sel dans l'opération du collage ; cette pratique, très usitée, ne peut être considérée comme une fraude. La quantité de sel ainsi introduite est d'ailleurs très minime.

Le Comité consultatif d'hygiène tolère 1 gr. 75 de chlorure par litre de vin livré à la consommation ou passant à la frontière ; cette mesure est surtout spéciale aux vins d'Algérie et de Tunisie (29 novembre 1897).

Essai des chlorures. — Dujardin-Salleron indique le procédé pratique suivant d'après Blarez (*Journ. de pharm. et de chimie*, t. XXII, p. 63). On agite une certaine quantité du vin en expérience avec du noir animal pulvérisé et lavé, puis on filtre. Sur le vin filtré, qui doit être absolument limpide et incolore, on prélève avec la pipette 10 centimètres cubes qu'on verse dans un vase à précipiter, placé sur une feuille de papier blanc. On y ajoute quelques gouttes d'une dissolution de carbonate de soude pur jusqu'à ce qu'une bande de papier de tournesol bleu plongée dans le liquide n'y rougisse pas. On verse alors dans le verre 10 c. c. environ d'eau distillée et l'on y ajoute trois ou quatre gouttes de chromate de potasse en solution concentrée ; le mélange prend une teinte jaune clair.

On remplit la burette divisée, jusqu'au zéro de sa graduation, avec la solution titrée de nitrate d'argent, et on verse le contenu goutte à goutte dans le verre à expériences. La liqueur jaune clair se trouble alors et prend un aspect laiteux sous l'influence des premières gouttes de solution d'argent ; puis les gouttes tombant dans le liquide produisent une auréole rouge qui devient de plus en plus grande et disparaît par l'agitation. On imprime alors au verre un mouvement d'agitation circulaire, la teinte rouge disparaît et le jaune redevient pur, mais il arrive un moment où une goutte ne ramène plus la couleur jaune, la liqueur reste salie par une teinte *rouge brique* très nette qui indique le terme de l'opération.

On lit sur la burette le niveau du liquide correspondant à la graduation ; chaque centimètre cube de liqueur d'azotate d'argent employé représente 0,01 de chlorure de sodium ou 0,006065 de chlore.

Comme on a opéré sur 10 c. c. de vin, il faut multiplier par 100 pour avoir le résultat par litre.

Il faut que la solution d'azotate d'argent soit neutre lorsqu'on fait usage du chromate de potasse comme indicateur. On la prépare avec 29 gr. 075 *d'azotate d'argent* pur et fondu dans une quantité suffisante d'eau distillée pour faire un litre.

La solution de *chromate de potasse* se prépare en faisant dissoudre 10 grammes de ce sel dans la quantité d'eau nécessaire pour faire un litre de solution.

Les deux solutions précitées servent au dosage des chlorures par calcination.

Mode opératoire. — 1° Introduire 25 c. c. de vin dans une petite capsule de porcelaine ;

2° Ajouter un léger excès de carbonate de soude pour obtenir une réaction alcaline au tournesol. La présence d'un excès de carbonate alcalin empêche l'acide tartrique de déplacer l'acide chlorhydrique ;

3° Évaporer à l'étuve à 100° ;

4° Calciner *légèrement* jusqu'à ce que le résidu charbonneux n'ait plus d'odeur. Une incinération trop haute provoquerait des pertes. Il est inutile d'avoir des cendres blanches, car la présence d'un peu de charbon ne nuit pas au dosage ;

5° Laisser refroidir en dehors du moufle, ajouter un

léger excès d'acide acétique ; épuiser les cendres par l'eau bouillante en deux ou trois reprises différentes ;

6° Introduire les liqueurs dans un vase à précipiter ; ajouter 4 gouttes de la solution de chromate de potasse ;

7° Verser, au moyen de la burette de Mohr (fig. 24), la solution titrée de nitrate d'argent jusqu'à coloration rouge brique :

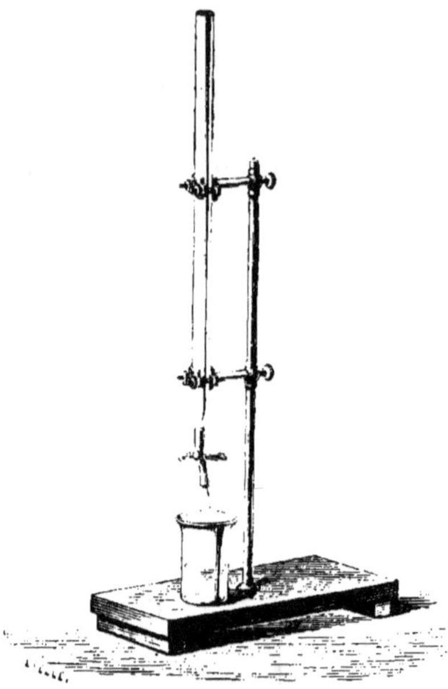

Fig. 24. — Burette de Mohr.

Soit n le nombre de centimètres cubes de solution de nitrate d'argent employés ; en multipliant ce nombre par 0,01, puis par 40, on aura la quantité de chlorures contenus dans le vin exprimée en chlorure de sodium.

$$n \times 0,01 \times 40 = \text{chlorure de sodium pour } 1000 \text{ c. c.}$$

Si l'on voulait exprimer le résultat en chlore, la formule deviendrait :

$$n \times 0,006065 \times 40 = \text{chlore pour } 1000 \text{ c. c.}$$

On peut préparer la solution décinormale d'argent avec 17 grammes d'azotate d'argent pur et fondu, ou bien avec 10 gr. 8 d'argent pur dissous dans l'acide nitrique pur. Quantité d'eau distillée suffisante pour faire un litre.

1 centimètre cube de cette solution = 0 gr. 0108 d'argent ou 0.017 d'azotate d'argent, ce qui correspond, par

centimètre cube, à 0,00585 de chlorure de sodium. La solution décinormale de chlorure de sodium se prépare avec 5 gr. 85 de chlorure de sodium pur dissous dans l'eau distillée, de façon à faire le volume d'un litre.

Chlorure de sodium par litre

Prise d'essai de 25 cent. cubes. — 1 cent. cube solution azotate d'argent = 0,00585

DIXIÈMES de centimètres	0	1	2	3	4	5	6	7	8	9
0	»	0.02	0.04	0.07	0.09	0.11	0 14	0.16	0.18	0.21
1	0.23	0.25	0.28	0.30	0.32	0.35	0.37	0.39	0.42	0.44
2	0.46	0.49	0.51	0 53	0.56	0 58	0.60	0.63	0.65	0.67
3	0 70	0.72	0 74	0.77	0.79	0.81	0.84	0.86	0.89	0.91
4	0.93	0.95	0.97	1.00	1 02	1.04	1.07	1 09	1.12	1.14
5	1.16	1.19	1.21	1.24	1 26	1.28	1.31	1.33	1.35	1.38
6	1.40	1.42	1.45	1.47	1.49	1.51	1.54	1.56	1.59	1.61

(Centimètres cubes)

Nous avons eu l'occasion d'indiquer la détermination de l'*acidité totale* (page 39) et du *sucre réducteur* dans les moûts (page 45), nous n'avons donc qu'à renvoyer le lecteur aux pages où ces sujets sont traités.

Acidité volatile. — On sait que de nombreuses bactéries du vin sont destructrices d'acides, elles forment de l'acide lactique aux dépens de l'acide malique, et aussi un peu d'acide acétique et d'acide carbonique.

La présence dans le vin d'une quantité anormale d'acides volatils coïncide toujours avec une altération provenant de microbes.

Le Laboratoire municipal de Paris estime que la quantité d'acidité volatile ne doit pas dépasser 1 gr. 5 par litre. Cette limite, à peu près normale pour les vins français, ne doit pas être cependant acceptée dans tous les cas sans examen approfondi. Nous avons trouvé très souvent des vins d'Algérie qui donnaient près de 2 grammes d'acidité volatile par litre, sans que cet excès fût l'indice d'une réelle altération (1).

La détermination de l'acidité volatile est devenue une opération courante de la chimie œnologique.

Bien des méthodes ont été proposées, et on peut les diviser en deux classes distinctes : ou bien on soumet le vin à une distillation faite dans les meilleures conditions pour recueillir la totalité des acides volatils, et l'on titre alcalimétriquement le produit distillé, ou bien, après avoir déterminé l'acidité totale, on élimine les matières volatiles par la chaleur et on titre l'acidité du résidu, ce qui donne, par différence, les acides disparus.

La première méthode peut donner des résultats erronés, car certains sels considérés comme fixes et certains éthers peuvent être décomposés pendant l'évaporation et, par dissociation, donner naissance à des acides volatils, que l'on dose comme tels dans le filtratum.

On peut obvier en partie à ces causes d'erreurs, en dosant d'abord l'acidité totale, puis en chassant les acides volatils par un courant de vapeur d'eau bouillie et conséquemment privée d'acide carbonique. Nous disons *en partie* seulement, car lorsqu'on fait barboter de la vapeur dans une solution contenant un acide fixe et de l'acétate de potasse, par exemple, il doit se perdre de l'acide acétique, et l'acidité manquante sera comptée à tort comme acide acétique.

La détermination de l'acidité volatile ne donne pas des résultats absolus, mais, en tout cas, ils ne peuvent être comparables qu'à la condition d'opérer toujours dans les mêmes conditions.

---

(1) Voir: SÉBASTIAN (V.).— *Mission en Espagne*. Fontana, éditeur, Alger. 1894.

Le procédé Pasteur modifié par Guyon est très recommandable pour le dosage pratique de l'acidité volatile. Dujardin-Salleron, sur les conseils de M. Mathieu, l'éminent directeur de la Station œnologique de Beaune, l'a simplifié de telle manière qu'en opérant sur un faible volume on obtient rapidement le résultat cherché.

Pour éviter le contact des acides avec tout métal, on se sert du petit alambic Salleron en verre.

Mode opératoire. — On verse dans le ballon de l'alambic 10 c. c. du vin à essayer mesuré avec une pipette. On ferme ensuite avec un bouchon à deux trous portant un raccord adapté au réfrigérant et un tube à entonnoir fermé par un bouchon de caoutchouc.

Placer à la sortie du serpentin une éprouvette divisée de 6 en 6 c. c. et chauffer *doucement* jusqu'à ce qu'on ait distillé un peu plus de la moitié du contenu du ballon ; à ce moment, on arrête la distillation en retirant la lampe. On introduit dans le ballon par le tube à entonnoir 6 c. c. d'eau distillée, puis on redistille à nouveau. Certains chimistes chauffent le ballon au moyen d'un bain de sel marin saturé. Lorsqu'on a obtenu encore 6 c. c. de liquide distillé, on répète l'addition d'eau et on poursuit la distillation. Cette manipulation se renouvelle toutes les fois que 6 c. c. de liquide sont distillés, et ainsi de suite jusqu'à ce qu'on ait recueilli 24 c. c. de liquide.

Dans ce liquide sont passés tous les acides volatils, qu'on dose ensuite par le procédé ordinaire, en prenant la phtaléine comme réactif indicateur et en utilisant une liqueur alcaline titrée, très faible, de manière à obtenir plus de sensibilité.

Cette acidité, évaluée en acide sulfurique, est transformée en acidité acétique. 10 c. c. de potasse ou de soude centinormale correspondent à 0,0049 d'acide sulfurique monohydraté et 0,0060 d'acide acétique. On ajoute le 1/10 du chiffre trouvé représentant l'acidité volatile qui a pu rester dans le ballon.

Les acides volatils, en solution étendue, ne distillent qu'en partie, même, comme l'a montré M. Duclaux, lorsqu'on recueille les 10/11 du volume initial. Pour obtenir une séparation complète, il faut au moins quatre distillations successives entraînant chaque fois les 9/10 du liquide à essayer : le volume est rétabli avec de l'eau distillée après chaque opération.

On peut, en outre, doser l'*acidité fixe* sur le résidu contenu dans le ballon : on doit retrancher 1/10 de l'acidité volatile trouvée. C'est même la meilleure méthode pour obtenir le dosage exact de cette acidité. La distillation ne demande pas plus de 20 minutes et les deux dosages 3 minutes.

Dosage du tannin. — M. Léo Vignon a reconnu que la soie décreusée absorbe le tannin, aussi bien que la corde à boyau recommandée par M. Aimé Girard, tout en laissant en solution les sucres réducteurs, l'acide gallique, l'acide oxalique et les autres substances qui peuvent avoir été employées à la sophistication.

La soie décreusée est préparée en traitant 20 grammes de soie grège par deux bains successifs d'un demi-litre d'eau distillée tenant en dissolution 50 grammes de savon blanc ; on laisse une demi-heure dans chaque bain maintenu en ébullition.

Après le premier bain, la soie est essorée et tordue. A la sortie du deuxième bain, on la lave à l'eau distillée.

On se sert de 5 grammes de soie par décigramme de tannin à absorber, et on laisse en contact avec 100 c. c. de vin pendant 5 heures à la température de 50 degrés. On peut supprimer ce chauffage, qui risque d'altérer les tannins et les autres matières organiques en laissant en contact pendant 24 à 48 heures.

Quand toute coloration a disparu, laver à l'eau distillée, à deux ou trois reprises, les fragments de soie teints.

Sécher d'abord à 40°, puis à 100° lorsqu'ils ont perdu leur propriété adhésive. Peser.

Sachant qu'un fragment de soie de 1 gramme perd par dessiccation un poids p, ce poids multiplié par le nombre de grammes mis dans le vin sera retranché du poids primitif P de la corde en expérience.

L'excès de poids p', trouvé après ces opérations, multiplié par 10 (si on a utilisé 5 grammes), donnera le poids des tannins contenus dans 100 c. c. de vin

$$p' \times 10 = \text{tannins pour } 1000 \text{ c. c.}$$

Dosage du tartre et de l'acide tartrique. — Si le vin a été plâtré, il faut d'abord le débarrasser de la chaux en traitant 10 c. c. de vin par une solution d'acétate de soude à 10 p. 100, puis précipiter par une solution d'oxalate d'ammoniaque saturée en léger excès. Filtrer. Laver le précipité; puis opérer sur la liqueur filtrée de la façon suivante :

Suivant le cas, prendre 10 c. c. de vin ou la totalité de la liqueur filtrée.

Introduire dans un matras et ajouter 50 c. c. de la solution éthéro-calcique (50 p. 100 alcool 96° ; 50 p. 100 éther rectifié). Boucher le matras. Agiter. Abandonner le tout dans un endroit frais pendant 24 à 48 heures.

Le bitartrate de potasse s'est déposé. On décante le liquide sur un filtre sans plis. Le tartre qui reste aux parois est lavé plusieurs fois par le mélange éthéro-alcoolique, en très petite quantité, ainsi que celui qui est entraîné sur le filtre.

La liqueur filtrée étant neutre au tournesol, on enlève

le filtre de l'entonnoir et on l'introduit dans le matras où se trouve le reste du bitartrate précipité.

On ajoute 15 à 20 c. c. d'eau bouillante, qui dissout la crème de tartre, et quelques gouttes de phtaléine du phénol. On titre dans le matras par la potasse normale décime ou la solution décime de soude au moyen de la burette Salleron.

Le réactif alcalin est ajouté peu à peu, en remuant après chaque addition, et cela jusqu'à ce que la liqueur ait viré au rose.

Noter le nombre *n* de centimètres cubes employés à cet effet. Ce nombre, multiplié par 0,01881 puis par 100, donnera le poids du bitartrate de potasse ou crème de tartre par litre de vin.

Pour doser *l'acide tartrique libre*, on ajoute à 25 c. c. de vin 2 c. c. d'une solution contenant 500 grammes de bromure de potassium par litre.

On ajoute le mélange éthéro-alcoolique et on opère comme il a été dit plus haut. La différence entre les deux dosages est exprimée en bitartrate par litre, puis multiplié par 0,79 pour obtenir l'acide tartrique libre.

RECHERCHE DE LA MATIÈRE COLORANTE

1° **Colorants végétaux.** — On additionne 1 c. c. de vin de 10 c. c. de carbonate de soude à 5 p. 100.

Le vin vire au vert plus ou moins foncé suivant la nature du cépage.

En présence d'une coloration par *l'orseille* ou le *campêche*, le vert est violacé, surtout après ébullition.

Si le vin ne vire pas au vert sous l'influence du carbonate de soude, il y a lieu de rechercher les colorants d'aniline. Cependant il peut arriver qu'on se trouve en présence d'un vin très coloré comme le Jacquez, qui donne dans ce cas une coloration violette.

L'ammoniaque fait virer l'*orseille* au violet. En outre, cette matière colorante passe dans l'alcool amylique qui se colore en violet.

La *cochenille*, en liqueur acide, colore l'alcool amylique en jaune, et la solution d'alcool amylique mise en présence d'une goutte d'acétate d'urane, bien neutralisée à l'aide d'un peu de carbonate de chaux, lui communique une teinte verte caractéristique.

L'éther est coloré en jaune par le *campêche* et le *fernambouc :* le produit de l'évaporation traité par l'ammoniaque donne une coloration rouge, plus violacée pour le fernambouc.

En présence d'acétate d'alumine, le *màqui* donne une coloration violet-bleu caractéristique.

2° Colorants d'aniline — La recherche des colorants dérivés de la houille comporte les trois essais suivants :

Premier essai à la baryte. — 1° Verser 25 c. c. de vin dans une éprouvette et ajouter un léger excès d'eau de baryte jusqu'au virage au vert.

2° Ajouter une dizaine de centimètres cubes d'alcool amylique.

3° Boucher l'orifice supérieur de l'éprouvette et la retourner doucement une vingtaine de fois, afin que l'alcool amylique s'empare de la matière colorante.

4° On laisse déposer. Le liquide se sépare en deux couches très nettes.

5° On décante à la pipette la couche supérieure bien limpide qui est l'alcool amylique.

A) Cette couche est incolore ou colorée :

Dans le premier cas, on y ajoute quelques gouttes d'acide acétique.

a) La liqueur devient *violette :* présence de l'*orseille*. Cette matière colorante végétale se retrouve dans cet essai.

b) La liqueur devient *rose:* rouge de *Biebrich* ou *roccel-line.*

c) La liqueur devient *verte: colorants azoïques.*

B) Si la liqueur alcoolique est colorée, on y ajoute également quelques gouttes d'acide acétique pour accentuer la coloration.

a) La liqueur devient *rose : rosaniline* et *ses dérivés basiques.*

b) La liqueur devient *jaune : matières azoïques.*

c) La liqueur devient *violette : violet de méthyle, mauvéine,* etc...

Deuxième essai à l'ammoniaque. — 1° 25 à 30 centimètres cubes de vin sont introduits dans une éprouvette ou un tube à essai ; on y ajoute peu à peu de l'ammoniaque jusqu'à virage vert plus ou moins foncé.

2° Verser par-dessus 10 centimètres cubes d'alcool amylique ; boucher le tube et, après l'avoir retourné une vingtaine de fois pour que l'alcool amylique s'empare de la matière colorante, laisser reposer.

3° Le liquide se sépare en deux couches. Décanter la couche supérieure limpide qui est l'alcool amylique et la recueillir dans un tube à essai.

4° Placer dans ce tube et au sein du liquide une petite floche de soie obtenue en liant ensemble quelques brins de soie blanche.

5° Chauffer le tube de façon à provoquer l'ébullition de l'alcool amylique. Evaporer rapidement.

6° Cesser l'opération lorsqu'il ne reste plus que quelques gouttes d'alcool dans le tube à essai.

7° Retirer la floche de soie et la placer dans l'eau distillée et l'y agiter.

8° Si la soie n'est pas colorée, on ajoute quelques gouttes d'acide sulfurique : si elle se colore, cela indique la présence d'une *matière colorante dérivée du goudron de houille.* Il en est de même lorsque la soie est directement colorée sans l'addition d'acide sulfurique.

Troisième essai au mercure. — 1° On mesure 10 c. c. de vin, 2 c. c. de potasse à 5 pour 100 ou de la magnésie calcinée. Le liquide doit devenir franchement vert, sinon on y ajoute encore peu à peu de la solution de potasse ou de la magnésie.

2° Ajouter un volume d'acétate mercurique en solution à 20 pour 100, égal au volume de potasse employée. Le mélange doit également être alcalin.

3° Agiter et filtrer.

a) Si la liqueur filtrée est rose : *dérivés azoïques sulfoconjugués.*

b) Si la liqueur filtrée est incolore et se colore en rouge violacé par addition d'acide acétique, cela dénote plus spécialement le sulfoconjugué de la fuchsine.

Acide borique. Borax. — Ces acides s'opposent à la fermentation du vin et de toutes les matières organiques en général. Ils ne produisent leur effet qu'à assez forte dose et sont alors toxiques.

Recherche de l'acide borique. — 1° Introduire 100 c. c. de vin dans une petite capsule de porcelaine.

2° Saturer par du carbonate de soude.

3° Evaporer avec précaution, puis calciner l'extrait obtenu au rouge sombre.

4° Laisser refroidir et ajouter quelques gouttes d'acide sulfurique pur.

5° Incorporer à la masse 5 à 6 c. c. d'alcool éthylique ou méthylique que l'on allume dans un endroit sombre. Agiter un peu la capsule.

La présence de l'acide borique et du borax se manifeste par la *coloration verte* de la flamme de l'alcool.

Eviter le contact des objets de cuivre qui donnerait la même coloration.

Recherche de l'abrastol. — L'abrastol ou asaprol est l'éther sulfurique du β naphtol combiné au calcium. Nous avons eu l'occasion d'étudier cet antiferment lorsque nous dirigions la Station œnologique et viticole algérienne.

Voici le procédé que nous avons employé pour sa recherche :

1° 200 c. c. de vin sont concentrés au bain de sable dans une capsule de porcelaine ;

2° On traite l'extrait par 30 à 35 c. c. d'alcool absolu et on filtre. On évapore l'alcool filtré dans le vide ;

3° L'extrait est redissous dans l'eau, puis épuisé dans une boule à robinet par 25 c. c. d'alcool amylique après alcalinisation par l'ammoniaque ;

4° On décante l'alcool amylique, on le filtre, on le porte à l'ébullition, loin de la flamme, pour chasser l'ammoniaque ;

5° On ajoute 1 c. c. de perchlorure de fer à 1 p. 100 et on agite. Chauffer légèrement au bain-marie.

Il se produit une coloration *bleue ardoise* en présence de l'abrastol.

Recherche des fluoborates et fluosilicates. — 1° On sature 100 c. c. de vin par la chaux éteinte en excès, on évapore et on incinère ;

2° On reprend par l'eau distillée nettement acidifiée par l'acide acétique de façon à avoir une réaction nettement acide, et on évapore à sec ;

3° Reprendre par l'eau chaude et filtrer ;

4° La filtratum est évaporé et calciné ;

5° Sur le résidu de la calcination, on peut rechercher l'acide borique par le procédé déjà indiqué ;

6° La partie insoluble. lavée et calcinée de nouveau. est introduite dans un petit tube à essai avec un peu de sable ou de la *silice précipitée* d'une solution de silicate de potasse étendue, et de l'acide sulfurique ; puis on ferme avec un bouchon qui laisse passer un petit tube en V sur les branches duquel se trouvent deux petites ampoules soufflées. On introduit un peu d'eau dans ce tube en V et on chauffe le tube à essai. Le fluorure de silicium se décompose en passant dans l'eau et il se forme de la silice gélatineuse. La présence de l'acide borique et de la silice caractérise l'addition du fluoborate alcalin.

Recherche de l'acide salicylique. — 1° Introduire environ 100 c. c. de vin dans un petit matras. ou mieux encore, dans une boule à robinet ;

2° Ajouter 1 à 2 c. c. d'acide sulfurique et 5 à 6 gouttes de perchlorure de fer concentré ;

3° Ajouter 25 c. c. d'éther. Agiter. Si le liquide s'émulsionne, ajouter quelques gouttes d'alcool ;

4° Laisser reposer et séparer le liquide vineux ;

6° Laver l'éther par agitation avec une petite quantité d'eau distillée jusqu'à ce qu'il ne soit plus acide ;

7° Evaporer lentement le liquide éthéré dans une petite capsule de porcelaine ;

8° Sur le résidu on ajoute 5 à 6 c. c d'eau distillée et 2 gouttes de perchlorure de fer très dilué (jaune pâle).

Dans le cas de la présence de l'acide salicylique, il se produit une coloration *violette* très intense.

Recherche de la saccharine de Fahlberg. — Un kilog. de saccharine sucre autant que 350 kilog. de sucre de canne. Mais la saveur illusionne simplement le consommateur, car, en réalité, il n'absorbe aucun aliment. Cette fraude entraîne une perte considérable pour le fisc et pour l'agriculture, aussi la loi interdit-elle l'emploi de la saccharine.

1° Introduire 100 c. c. de vin dans une boule à décanter : on acidifie par quelques gouttes d'acide sulfurique ou phosphorique ;

2° On épuise deux fois par 30 c. c. d'éther éthylique comme pour la recherche de l'acide salicylique. Agiter.

3° Séparer le liquide éthéré. Le laver deux ou trois fois à l'eau distillée ;

4° Evaporer l'éther séparé très lentement dans une capsule de porcelaine, loin de la flamme. Le résidu de l'évaporation possède une saveur sucrée légèrement amère, caractéristique de la saccharine ;

5° On reprend ce résidu par quelques gouttes d'eau distillée bouillante. On ajoute un peu de potasse concentrée, on évapore et on chauffe avec précaution jusqu'à fusion régulière. On reprend par l'eau bouillante; on acidifie par l'acide phosphorique et on recommence le traitement par l'éther ;

7° On lave l'éther et on évapore spontanément dans une soucoupe ;

8° Sur le résidu on verse quelques gouttes d'une solution très diluée de perchlorure de fer qui produit une coloration violette très sensible, par suite de la formation de salicylate de soude, et mise en liberté de l'acide salicylique.

On peut ausssi sur le résidu sucré (4°) ajouter environ 0 gr. 10 de résorcine et 4 gouttes d'acide sulfurique.

En présence de la saccharine, il se développe une coloration *jaune rouge*, puis *vert foncé*.

**Recherche de la dulcine de Riedel. — Nous avons indiqué un procédé de recherche de la dulcine de Riedel ou *sucrol* qui est encore une matière édulcorante extraite du goudron de houille. Nous avons décrit ce procédé dans le rapport 1892 (1) sur les recherches entreprises au laboratoire de la Station œnologique algérienne.

Mode opératoire. — On ajoute au liquide suspect 1/20 de son poids de carbonate de plomb : puis on évapore au bain-marie à consistance de pâte épaisse. On épuise par l'alcool et on évapore les extraits alcooliques.

Le résidu est repris par l'éther, et le liquide éthéré, après filtration, est mis à évaporer. La saveur du résidu donne déjà une première indication.

On chauffe légèrement ce résidu avec 2 ou 3 gouttes d'acide phénique et autant d'acide sulfurique concentré. Au liquide sirupeux, on ajoute un peu d'eau distillée et, après refroidissement, avec précaution, une petite quantité de soude caustique ou d'ammoniaque. S'il y a de la dulcine, un anneau *violet-bleuâtre* se forme au contact des deux liquides.

Après évaporation du résidu éthéré, on peut suivre une autre méthode :

1° Ajouter avec précaution quelques gouttes d'acide nitrique fumant, une réaction assez violente se produit et la masse se colore en jaune-orange vif, s'il y a de la dulcine. On évapore alors le tout au bain-marie jusqu'à siccité. Ajouter au résidu 2 gouttes d'acide phénique pur et 2 gouttes d'acide sulfurique concentré, le mélange prend une coloration *rouge intense*, qui se maintient encore assez longtemps à l'air.

Recherche de l'alun. — L'alun accompagne généralement la coloration par le *sureau*. L'emploi de l'alun a pour but d'aviver la couleur des vins en les acidifiant et

---

(1) Voir : SÉBASTIAN (V.). — *Guide pratique du fabricant d'alcools et du distillateur-liquoriste.* Montpellier, Coulet et fils, éditeurs, 1900. — Prix. 7 francs.

en les collant légèrement. En outre, ce sel communique une saveur âpre et astringente (styptique) qui plaît à certains consommateurs. On l'emploie aussi pour masquer le mouillage. Tout vin renfermant plus de 1/2 millième d'alun doit être proscrit. Les autorités médicales l'admettent comme délétère.

Mode opératoire. — 1° Introduire 250 c. c. de vin dans un matras ;

2° Ajouter un léger excès d'acétate de plomb. Agiter.

3° Laisser reposer. Filtrer ;

4° Précipiter le plomb dans la liqueur filtrée par un courant d'hydrogène sulfuré ;

6° Ajouter quelques gouttes d'ammoniaque.

Si le vin est aluné, il se forme un *précipité gélatineux*, insoluble dans un excès de réactif.

On caractérise cette alumine de la manière suivante :

1° Recueillir le précipité formé sur un filtre ;

2° Laver le précipité à l'eau distillée ;

3° Entraîner le précipité avec de l'eau distillée dans une petite capsule ;

4° Dessécher à feu nu avec précaution ;

5° Ajouter 1 goutte de nitrate de cobalt et chauffer au rouge.

L'alumine est caractérisée par l'apparition d'une coloration *bleue* (bleu de Thénard).

Manganèse dans les vins. — Le permanganate de potassium MnO^4K cristallise en beaux cristaux violet foncé. Il se décompose facilement en donnant de l'oxygène, agent oxydant ; c'est pourquoi le permanganate est employé comme décolorant.

On utilise aussi cette propriété notamment pour le dosage du fer, dosage qui est basé sur l'oxydation des sels ferreux transformés en sels ferriques par le permanganate.

La décoloration des vins rosés par le noir animal ou par l'acide sulfureux est connue depuis longtemps. Les vins blancs obtenus avec des raisins rouges renferment généralement une petite quantité de matières colorantes que l'on s'efforce de détruire, afin que le produit ait un coup d'œil plus net et plus agréable.

On a essayé de masquer la coloration légèrement rosée en additionnant le vin d'une teinture verte qui le rendait incolore ou insensiblement grisâtre. On a aussi utilisé le bioxyde de manganèse (MnO^2) et enfin le permanganate de potasse. Ce sel produit une décoloration énergique et complète, susceptible de transformer en vin blanc un vin rouge moyennement coloré.

Si l'action du permanganate n'est pas trop prolongée et si elle est suivie d'un collage au blanc d'œuf, on obtient un vin de belle couleur paille, dont la constitution n'a pas subi de graves désordres. Mais quand l'action oxydante est exagérée, il y a décomposition partielle de la glycérine, de l'acide tartrique, avec formation d'acide formique, d'acide acétique, etc.

Le permanganate de potasse introduit deux éléments dans le vin : la potasse et le manganèse.

Le manganèse est un métal bivalent comme le fer : il forme les mêmes composés basiques que celui-ci. Les sels de son protoxyde MnO sont d'une couleur rose tendre.

On rencontre des traces de manganèse dans beaucoup de vins : le manganèse provient du sol où il se trouve assez répandu principalement à l'état d'oxydes : braunite, acerdèse, haussmannite, pyrolusite, manganite, etc.

M. Maumené a fait de nombreuses recherches au sujet de ce métal, qui figurent dans les Comptes rendus de mars et avril 1884. D'après ses analyses, la proportion du manganèse dépasse rarement 1 milligramme: cependant il y a des exceptions pour quelques produits de Pommard et de Graves, qui en renferment de 2 à 7 milligrammes.

Le dosage du manganèse permet de déceler l'addition du permanganate.

On utilise le procédé suivant pour reconnaître rapidement la présence d'une proportion anormale de manganèse.

On introduit 10 c. c. du vin suspect dans un tube à essai: on ajoute 2 c. c. de lessive de soude et 1 c. c. d'eau oxygénée du commerce; on agite.

Le liquide «permanganaté» prend aussitôt une couleur acajou très intense, tandis que dans le cas contraire sa teinte se fonce un peu, mais reste jaunâtre.

Pour faire un dosage rigoureux, on évapore 500 c. c. dans une capsule de platine et, après avoir calciné le résidu avec précaution, on fait passer la masse charbonneuse dans une capsule de porcelaine.

La capsule de platine est lavée à l'eau chaude, puis avec de l'acide azotique étendu (AzO^3H). On chauffe sur un bec de gaz jusqu'à disparition de toute parcelle charbonneuse et, de nouveau, on rince la capsule de platine avec de l'acide azotique faible.

Toutes les eaux provenant de ces lavages successifs sont versées dans la capsule de porcelaine. On ajoute un peu d'acide azotique au liquide dans lequel baigne la poudre de charbon, car il est nécessaire que le milieu soit assez acide. Ensuite on fait passer sur un filtre qu'on lave à l'eau bouillante.

Le filtre est séché à l'étuve (fig. 25), puis incinéré complètement; et les cendres bien blanches sont traitées par quelques gouttes d'acide chlorhydrique.

On obtient ainsi un liquide un peu trouble que l'on joint au filtratum. Le tout, réuni dans une capsule de porcelaine, est fortement additionné d'acide azotique et évaporé jusqu'à siccité.

Après évaporation, on rajoute de l'acide azotique et on évapore une seconde fois, puis une troisième fois à la suite d'une nouvelle addition du même acide.

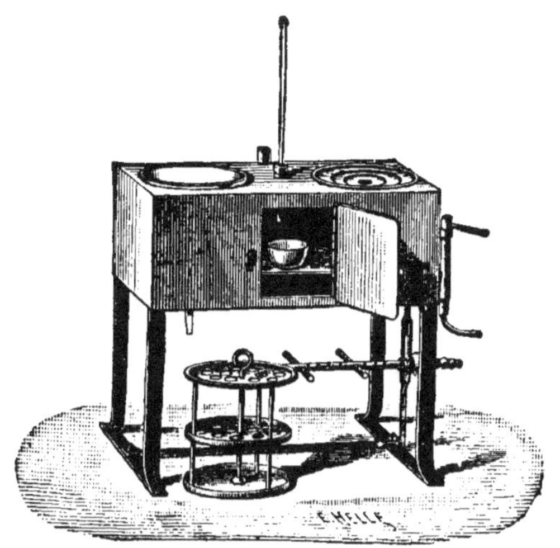

Fig. 25. — Bain-marie formant étuve, modèle Salleron-Dujardin

Sur le résidu, on verse alors 20 c. c. d'acide azotique, 15 c. c. d'eau et on fait bouillir ; puis, agitant avec une baguette de verre, on projette en trois fois une dizaine de grammes de bioxyde de plomb (PbO^2) en ayant soin de retirer du feu avant la dernière pincée, tout en agitant constamment pendant quelques minutes.

On verse dans une éprouvette et on laisse déposer. L'acide permanganique (Mn^2O^7), dont l'hydrate est MnO^4H, colore le liquide surnageant en rose d'autant plus vif que le vin contenait de manganèse.

En comparant avec une liqueur type de permanganate additionnée d'acide sulfurique que l'on étend d'eau jusqu'à obtention d'une teinte identique à celle de l'épreuve, on peut calculer, d'après les volumes mis en œuvre, la proportion de manganèse contenue dans le vin.

CHAPITRE VIII

MISTELLES [1]

Les mistelles sont des moûts de raisins frais débourbés, n'ayant subi aucun commencement de fermentation : ils sont *mutés*, immédiatement après le pressurage, soit à l'aide de l'alcool, soit au moyen de l'acide sulfureux. Les autres antiseptiques, tels que les salicylates, les fluorures, etc., étant interdits, ne peuvent se rencontrer que dans les produits sophistiqués.

Les mistelles ne renferment pas les produits secondaires de la fermentation : la glycérine, l'acide succinique notamment, puisqu'elles n'ont point fermenté.

On prépare des mistelles blanches et des mistelles rouges. Ces dernières ont une teinte violacée lorsqu'elles sont insuffisamment acides. L'addition d'un peu d'acide citrique leur donne facilement une belle couleur rubis.

L'analyse des mistelles doit être effectuée d'après les mêmes principes que ceux sur lesquels repose l'essai des vins doux.

L'*alcool* des mistelles mutées par ce liquide est dosé par distillation, car nous savons que les ébullioscopes ne

---

(1) Voir : Sébastian (V.). — *Les Vins de Luxe*. Montpellier, Coulet et fils. éditeurs, 1897. — Prix franco, 6 francs.

fournissent pas des résultats exacts avec les vins très sucrés.

On détermine l'*acidité* sur 20 centimètres cubes avec la liqueur décime de potasse ou de soude en faisant des touches successives sur du papier de tournesol sensible.

On obtient l'*extrait sec* par évaporation dans la capsule de platine d'un volume déterminé de mistelle préalablement étendu au dixième. Mais il est préférable de prendre le poids de la matière essayée plutôt que d'en connaître le volume, la balance étant plus précise que tous les instruments de jaugeage.

On met dans une capsule un peu de sable siliceux inattaquable aux acides : on chauffe doucement pour chasser l'humidité ; on y place une petite baguette légère en verre et on pèse après refroidissement dans le dessiccateur. On ajoute alors environ 2 centimètres cubes de mistelle, on pèse de nouveau pour avoir le poids et l'on porte à l'étuve en ayant soin d'agiter souvent le sable à l'aide de la baguette pour renouveler les surfaces et faciliter la dessiccation. Quand la masse est devenue dure, on pèse après refroidissement. Deux pesées donnant le même résultat à une demi-heure d'intervalle indiquent l'extrait au kilogramme. Connaissant la densité, il est facile d'établir le rapport au litre par un simple calcul.

Les cendres et le sulfate de potasse sont déterminés par les procédés usuels.

Pour doser le tartre, il est nécessaire de faire fermenter le liquide. Les résultats sont très différents suivant le procédé de mutage employé. Il est évident qu'avec le mutage à l'alcool, la majeure partie du bitartrate de potasse aura été précipitée.

Le point délicat est le dosage des sucres.

On dose le sucre réducteur comme il a été dit (page 28).

On dose le saccharose après interversion par l'acide chlorhydrique.

La recherche de la dextrine permet de déceler le glucose.

Le saccharose peut avoir été interverti par le « mistelleur » et, dans ces conditions, sa recherche ne donne aucun résultat, puisqu'il est converti en glucose et lévulose.

D'après la loi du 15 mars 1902 :

Les mistelles étrangères acquitteront à leur entrée en France et en Algérie :

1° Le droit sur l'alcool ;

2° Le droit sur le moût des raisins frais, calculé sur le degré aréométrique que posséderait ce produit privé d'alcool.

Par sa circulaire N° 3231 du 20 mars 1902, le Service des Douanes a décidé que « les importateurs devront déclarer le volume total du liquide, le degré Baumé et la densité du moût privé de son alcool, la quantité exprimée en litres ou en hectolitres, etc... ».

Et la circulaire officielle donne les exemples suivants de liquidation :

Un hectolitre de mistelle à 12 degrés d'alcool

Si le moût privé d'alcool marque 12 degrés Baumé :
Alcool, 12 litres. Poids, 9 k. 54 à la densité de 0,795 à 70 francs par hectolitre...................... 8.40
Moût, 88 litres, soit 95 k. 92 à la densité de 1.09 ou 95.5 à 12 francs par hectolitre......... 11.46
                     19.86

Si le moût privé d'alcool marque 15 degrés Baumé :
Alcool, 12 litres. Poids, 9 k. 54 à la densité de 0,795 à 70 francs par hectolitre 8.40
Moût, 88 litres, soit 97 k. 68 à la densité de 1,11 ou 97,5, à 35 francs par 100 kilos......... 34.13
                     42.53

Les laboratoires de la Douane sont appelés à contrôler les énonciations des déclarations. Ils doivent s'attacher, d'après les instructions reçues, à différencier les mistelles des vins de liqueurs auxquels le régime déterminé par l'article 171 reste applicable.

D'autre part, la Direction générale des Contributions indirectes, par sa circulaire du 20 juillet 1896, N° 170, rappelle au service et au commerce que la distillation, c'est-à-dire la séparation effective de l'alcool au moyen des *alambics d'essai* (modèle Salleron), constitue le seu moyen de déterminer exactement la richesse alcoolique des vins et des spiritueux quelconques.

Le titrage de l'alcool par l'alambic Salleron permet d'utiliser le résidu contenu dans la chaudière et privé d'alcool pour doser le sucre : il suffit de joindre à l'alambic un petit aréomètre approprié à la grandeur de son éprouvette.

Le dosage du sucre par le densimètre ou l'aréomètre Baumé est moins exact que le dosage par la liqueur cupro-potassique (page 39), car les moûts et les vins ne sont pas constitués par une simple solution d'eau sucrée. Ils renferment des matières extractives qui n'ont pas la même densité que le sucre et qui tendent à fausser les indications du densimètre. Quoi qu'il en soit, la loi du 15 mars a adopté l'essai aréométrique.

Nous renvoyons le lecteur à ce que nous avons dit à ce sujet (page 34 et suivantes).

La maison Salleron-Dujardin a composé tout spéciale-ment un petit nécessaire portatif renfermant tous les instruments indispensables pour effectuer l'essai des mistelles et des vins de liqueur. Voici comment on opère :

Reprenons l'exemple donné plus haut par la Douane :

Soit une mistelle dans laquelle on a trouvé, en dosant l'alcool par distillation à l'alambic Salleron-Dujardin,

12 degrés, c'est-à-dire *12 litres d'alcool pur par hecto-litre de liquide*. Mesurer la mistelle jusqu'au trait supérieur de l'éprouvette spécialement graduée pour cet essai (fig. 26), verser le liquide dans la capsule et le

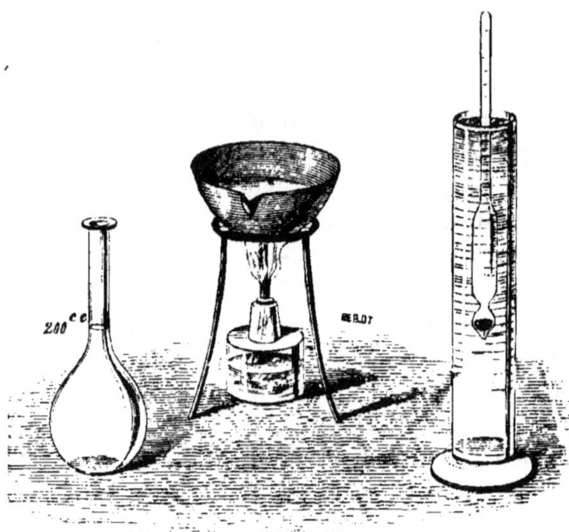

Fig. 26. — **Application des aréomètres au dosage du sucre dans les vins de liqueur, mistelles.**

réduire par l'ébullition jusqu'au trait émaillé à l'intérieur. Laisser refroidir à 15° environ et reverser le liquide réduit dans l'éprouvette, rincer la capsule avec un peu d'eau qu'on utilise pour compléter le volume de la mistelle réduit jusqu'au chiffre de la graduation de l'éprouvette correspondant au degré alcoolique trouvé, 12°. Mélanger le tout en retournant l'éprouvette bouchée avec la paume de la main, y plonger l'aréo-densimètre et ensuite le thermomètre, afin de corriger la température si elle diffère trop de 15° ; à cet effet, notre Instruction comprend une table de correction.

Toutes ces opérations doivent être faites avec précautions et sans perdre une seule goutte de liquide ; les mesurages sont effectués exactement avec la pipette.

L'aréo-densimètre indique en degrés Baumé 12°, soit sur l'échelle densimétrique graduée en regard 1,090 grammes.

La Douane taxe ainsi ces 100 litres de mistelle : d'abord 12 litres d'alcool pur, puis 88 litres de moût sucré, pesant 88 × 1.090 grammes (poids du litre trouvé au densimètre) ou 95 kil. 92, exactement 95 kil. 500 (voir page 31).

M. Dujardin fait porter à son aréomètre les deux graduations, afin d'éviter toute recherche à l'opérateur. Il a eu soin de joindre à son nécessaire une table complète donnant, en regard de la graduation Baumé, la densité, les richesses saccharine et alcoolique correspondantes et les moyens d'appliquer, au besoin, le procédé au dosage approximatif de la richesse saccharine totale ou de la richesse alcoolique en puissance, des mistelles, des moûts concentrés, des vins mutés et des vins de liqueur en général, etc., et à la distinction des mistelles et des vins de liqueur, d'après la règle du Comité consultatif.

Exemple : Un vin de liqueur sucré, disons un vin de Malaga ou de Samos, par exemple, pèse en nature au densimètre, alcool compris, 1.075, soit 10° de liqueur en degrés Baumé (2° colonne) ; ce vin renferme 14° d'alcool pesés à l'aide de l'alambic Salleron (procédé officiel). Ce vin, réduit et ramené au volume primitif avec de l'eau et, par conséquent, privé d'alcool, marque 1.085 au mustimètre (11°3 de liqueur en degrés Baumé, 2° colonne). On en déduit, sans calcul, d'après la 3° colonne, que ce vin renferme 196 grammes de sucre par litre, lesquels, ajoutés aux 237 grammes (3° colonne) qui sont supposés avoir produit les 14° d'alcool trouvés par distillation, indiqueraient approximativement que le vin aurait en puissance 196 + 237 = 433 grammes de sucre, ou en alcool 14° + 11°5 = 25°5, si les 196 grammes de sucre étaient transformés en alcool par fermentation.

Distinction des mistelles et des vins de liqueur. — La mistelle est le produit, obtenu par le *mutage* à l'alcool, d'un moût de raisin frais non fermenté.

Les vins de liqueur assimilables aux vins naturels sont ceux qui proviennent exclusivement de la fermentation incomplète, « sans addition d'alcool », du jus de raisin frais, l'alcool parvenu à un certain degré (15° à 16°) arrêtant naturellement toute fermentation.

Les laboratoires officiels peuvent, paraît-il, en appliquant la règle suivante donnée en 1888 par le Comité consultatif des Arts et Manufactures, faire la distinction des mistelles des vins de liqueur :

« Lorsque, dans un vin contenant du sucre et de l'alcool, la quantité de sucre *totale* (que l'on obtiendra en ramenant l'alcool à l'état de sucre et en ajoutant à ce nombre le poids du sucre dosé directement) sera supérieure à 325 grammes par litre, le vin devra être considéré comme ayant été muté ».

Les décisions ci-dessus méritent de sérieuses critiques.

La distinction entre les vins de liqueur et les mistelles ne nous paraît pas *toujours* facile à résoudre.

D'un autre côté, il ne nous semble pas très aisé de reconnaître :

1° Si l'alcool contenu dans un vin provient entièrement de la fermentation naturelle du sucre de raisin frais ou d'une addition d'alcool rectifié ;

2° Si un vin naturel a reçu une addition d'un vin fait avec des raisins secs ;

3° Quelle est la quantité de sucre qui provient du raisin frais ou des raisins secs ou d'une addition de sucre interverti.

CHAPITRE IX

MALADIES DES VINS. — LEUR TRAITEMENT

L'art du caviste ou sommelier comprend deux parties:
l'*hygiène des vins* et la *thérapeutique*.

L'*hygiène des vins* consiste dans les traitements préventifs par lesquels on élève les vins à l'abri des maladies et on favorise le développement normal de leurs qualités naturelles, tels sont les soutirages, ouillages, collages, filtrations, pasteurisation, etc.

La *thérapeutique* étudie les maladies qui peuvent les atteindre et enseigne le moyen de les guérir.

En observant rigoureusement les prescriptions de l'hygiène, un praticien éclairé évitera l'emploi de la thérapeutique, ce qui est infiniment préférable.

L'oxygène de l'air joue un rôle prépondérant dans la conservation des vins : 1° en stimulant le développement des ferments ou bactéries que les vins contiennent encore après fermentation ; 2° en provoquant les réactions entre les divers principes des vins. C'est en agissant sur les bases et sur les alcools que les divers acides engendrent des éthers et des aldéhydes, dont l'influence est si considérable sur les qualités organoleptiques et le bouquet des vins.

Il résulte de ces faits, que Pasteur a mis en lumière, qu'il faut modérer l'action de l'oxygène et conserver les vins dans des locaux à température constante et assez fraîche. Une température entre 10 et 16° réaliserait les meilleures conditions. Au-dessus de 20 à 25°, la température devient extrêmement favorable au développement des microorganismes agents de maladies. C'est là ce qui explique le rôle important de la cave froide pour conserver les vins pendant de longues années.

Les négociants du Midi qui recherchent pour leur clientèle les vins frais et jeunes doivent donc utiliser de préférence les cuves-amphores en béton de ciment armé, dont l'étanchéité est parfaite et le prix de revient très faible. Ces cuves mettent le vin à l'abri du contact de l'air, des échanges qui se produisent à travers les pores du bois, d'où résulte le vieillissement.

Il faut avoir soin de badigeonner les cuves en ciment avec une solution d'acide tartrique (1 kil. dans 3 litres d'eau), que l'on passe avec un pinceau après avoir lavé à grande eau. Il est bon de répéter deux fois le passage à l'acide tartrique et de terminer par l'action de l'eau pendant quelques jours. On vide la cuve tous les trois jours et on la remplit à nouveau.

La maison suisse Borsari et Cie. à Zollikon-Zurich et à Béziers, s'est fait une spécialité de la construction des cuves en ciment armé tapissées de verre. Il est indispensable que l'assemblage des plaques de verre ne laisse rien à désirer afin d'éviter toute fissure.

Nous insistons sur ces conditions essentielles pour la conservation des vins de consommation courante, qui doivent garder leur couleur rouge et l'éclat de la jeunesse aussi longtemps que possible.

Lorsque le vin est bien dépouillé et complètement fermenté, c'est-à-dire après les froids de l'hiver, il y a grand intérêt, dans le Midi, à le soustraire au contact de l'oxygène, en utilisant des récipients en ciment hermétiquement clos et en pratiquant les soutirages à l'abri de l'air, si on tient à lui conserver l'éclat et la fraîcheur de la jeunesse.

MALADIES DES VINS

Les germes des maladies qui peuvent se développer dans les vins sont apportés par la vendange elle-même, ou bien ils sont introduits dans les vins faits par la vaisselle vinaire, par les ustensiles malpropres, par l'air.

C'est Pasteur qui a montré le rôle des microbes dans la formation de la *fleur*, de la *piqûre*, de l'*amertume* et de la *graisse*. Rappelons brièvement leurs caractères bien connus.

Fleurs du vin. — La *fleur* est cette production blanchâtre, très mince d'abord, mais s'épaississant par la suite, qui se développe en amas lenticulaires ou en plaques à la surface du vin en *vidange* en fûts ou en bouteilles.

Elle est constituée par une plante unicellulaire appelée *mycoderma vini*. Si l'on observe au microscope une parcelle de ces fleurs, on la voit composée d'un nombre considérable de globules, qui présentent quelque ressemblance avec les cellules du ferment alcoolique ordinaire, mais plus allongés, plus étroits. Ils se laissent difficilement mouiller et sont, par conséquent, peu submersibles.

Ce mycoderme s'empare de l'oxygène de l'air et le fixe sur l'alcool, qu'il transforme en eau et acide carbonique : il rend le liquide plat, lui donne un goût d'évent et lui fait perdre sa saveur vineuse : de plus, il semble le précurseur du *mycoderma aceti*, microbe de l'aigre. Quand la fleur du vin commence à se faner, ce dernier apparaît souvent et le vin se pique.

En maintenant les vaisseaux vinaires constamment pleins, soit par des ouillages fréquents à la main, soit par des ouilleurs automatiques, on met ces parasites dans l'impossibilité de vivre et, par suite, de se développer et de nuire.

La piqûre. — Si le vin n'est pas conservé à l'abri du contact de l'air, et surtout s'il est alors exposé à une température élevée, le *mycoderma aceti* ne tarde pas à l'envahir.

La *piqûre* résulte d'un commencement d'acétification de l'alcool : elle est perceptible par les organes du goût dès que le poids d'acide acétique dépasse 1 gramme, et elle devient nettement marquée lorsqu'il atteint 2 grammes par litre.

Le *mycoderma aceti* est l'agent de la piqûre, c'est lui qui convertit les vins en vinaigre. Il effectue une véritable réaction chimique : de son action vitale, il résulte une combinaison de l'alcool avec l'oxygène de l'air; deux atomes d'hydrogène de l'alcool sont remplacés par un atome d'oxygène de l'air atmosphérique, et c'est ainsi que 1 gramme d'alcool se transforme en 1 gr. 304 d'acide acétique.

Comme le *mycoderma vini*, le *mycoderma aceti* se développe à la surface du liquide en vidange et y forme une sorte de voile. Observé au microscope, il apparaît en articles étranglés ou grains semblables à des 8 placés bout à bout en longues chaînes ou chapelets.

On évite son action funeste en empêchant le contact du vin avec l'oxygène de l'air atmosphérique; c'est dans ce but que l'on pratique l'ouillage et le méchage.

Maladie de l'amertume. — Quelquefois le vin *doucine*, puis la maladie s'accentue davantage, le vin devient amer, un léger dégagement d'acide carbonique le rend piquant, la matière colorante se décompose, enfin il n'est plus potable.

Examiné au microscope, le dépôt de ce vin malade

renferme des microbes ayant la forme de bâtonnets, assez courts, rigides, non flexueux, enchevêtrés les uns dans les autres. Leur diamètre, beaucoup plus grand que celui du filament des vins tournés, est très variable ; quelques-uns de ces microbes sont deux ou trois fois plus gros que les autres.

Lorsque le ferment de l'amertume est vieux, il devient épais et rugueux par suite d'un dépôt de matière colorante oxydable qui l'enveloppe.

L'alcool et la crème de tartre ne sont pas attaqués, mais la glycérine diminue dans de fortes proportions et se transforme en produits divers, parmi lesquels dominent les acides acétique et butyrique.

Les vignerons de la Bourgogne, où cette maladie est assez fréquente, ont appris, à la suite d'une longue expérience, comment il faut lutter contre l'envahissement du ferment de l'amertume : ils savent qu'il faut fréquemment soutirer le vin ; qu'il soit renfermé dans des tonneaux ou dans des bouteilles, il doit être séparé de son dépôt.

Le résultat du soutirage est facile à comprendre. Le parasite de l'amertume réside au fond du récipient ; en séparant le dépôt à chaque saison, surtout au moment où la température va devenir favorable au développement des microorganismes qu'il renferme, on élimine beaucoup d'éléments dangereux. Malheureusement, une simple décantation — le soutirage n'est pas autre chose — ne peut débarrasser le vin de tous les microscopiques parasites qu'il renferme, aussi Pasteur a-t-il jugé nécessaire de recourir à un procédé plus efficace. En chauffant le vin à 60 degrés centigrades, tous les ferments sont tués et le vin est désormais guéri si on ne le contamine pas à nouveau en le mettant en contact de futailles ou d'instruments malpropres.

Maladie de la pousse et des vins tournés. — Souvent, dans les pays chauds, le vin subit une modification profonde lors de l'apparition des premières chaleurs : il se trouble, sa couleur change, elle perd sa transparence. Lorsque les tonneaux sont hermétiquement fermés, ils supportent une pression intérieure qui fait suinter le vin par la bonde ou par les joints des douves ; si le vin est en bouteille, le bouchon est repoussé et son extraction est accompagnée d'un sifflement qui accuse un dégagement gazeux, signe de décomposition ; c'est ce dégagement qui a valu à cette maladie le surnom de la *pousse*. La saveur du vin s'altère, il devient fade.

Dans les vins *tournés*, la glycérine reste intacte, mais la crème de tartre disparaît et la couleur est profondément modifiée : il se fait de l'acide acétique et de l'acide propionique qui concourent à l'altération du goût, et de l'acide carbonique qui, en se dégageant, forme à la surface du liquide une couronne de bulles fines et pétillantes.

Le ferment de la tourne est extrêmement ténu ; il se compose de très petits filaments fins et déliés dont le diamètre atteint à peine 1/1000 de millimètre, et sa longueur, quand il est jeune, ne dépasse guère quelques centièmes de millimètre. Ces bâtonnets grêles, souples, transparents et flexueux flottent isolément au sein du vin et le troublent en lui donnant parfois une apparence soyeuse et chatoyante ; plus tard, si les conditions sont favorables, ils se multiplient sans se disjoindre ; leurs articles s'enchevêtrent dans tous les sens, jaunissent s'alourdissent et tombent au fond des vases sous forme de véritables pelotes mobiles, roulantes, glutineuses.

Il paraît exister plusieurs variétés de ferments de la tourne ; leurs propriétés particulières sont encore mal étudiées, mais leur présence est mise en évidence par les différences de caractères que l'on remarque dans les vins tournés ou poussés suivant les années ou les régions. Les vins des vignes mildiousées constituent d'excellents terrains de culture pour le ferment de la tourne.

La tourne est plus fréquente que l'amertume qui se montre surtout dans les vins en bouteilles ; elle apparait, en général, plus tôt et se développe plus vite. Ces ferments sont l'un et l'autre anaérobies et vivent mal en présence de l'air ; aussi sont-ils gênés par les soutirages, et les vins en barriques se conservent-ils plus longtemps que les vins en bouteilles.

Le moyen de prévenir cette maladie consiste donc dans des précautions minutieuses, dans un soin, une propreté excessive présidant à tout le travail de la vinification. Lorsqu'on a constaté son apparition, le seul moyen de la guérir c'est de chauffer le vin et de le recevoir à la sortie de l'œnotherme dans des tonneaux purgés de tous germes organisés et convenablement méchés.

Maladie de la graisse et des vins filants. — La maladie de la graisse est due, elle aussi, à un ferment anaérobie, un microcoque, dont les globules sphériques réunis en chapelets contribuent par leur enchevêtrement à l'épaississement du vin auquel ils donnent cet aspect gras, huileux et filant qui lui a valu son nom.

La maladie de la graisse n'est pas très fréquente dans le Midi, je n'en ai jamais rencontré en Algérie, mais elle s'attaque surtout aux vins blancs de la Champagne. On la prévient dans une certaine mesure en additionnant le vin de tannin de bonne qualité, après l'avoir fait dissoudre dans de l'alcool rectifié. Un litre d'alcool peut facilement se charger de 200 grammes de tannin. L'œnotannin de Chevalier-Appert est un excellent type de tannin, dépourvu d'âcreté, dont l'usage est très répandu.

La guérison définitive, comme celle de toutes les maladies, s'obtient facilement.

Il faut ajouter à toutes ces maladies une altération plus récemment étudiée et qu'on observe surtout dans les pays chauds, la *mannite*.

En 1891, M. le Dr Carles, professeur de la Faculté de médecine de Bordeaux, signala la présence de la mannite dans le vin de figues et attribua à une falsification par ce vin la présence de la mannite dans les vins ordinaires.

Cette opinion d'un chimiste distingué sur les vins mannités troubla considérablement les transactions, car les vins d'Algérie, mal fermentés, sont généralement mannités.

M. Portes constata que la présence de la mannite était due à une fermentation spéciale, et non à une addition de vin de figues, qu'elle dérivait de l'action du ferment du vin tourné sur le sucre interverti.

M. Roos (*Journal de pharmacie et de chimie*, 1893 — *L'industrie vinicole méridionale*) attribua justement la fermentation mannitique à un microbe spécial favorisé par l'élévation de la température dans la vendange et par le peu de soins pris par les viticulteurs algériens.

En 1893, étant directeur de la Station œnologique et viticole

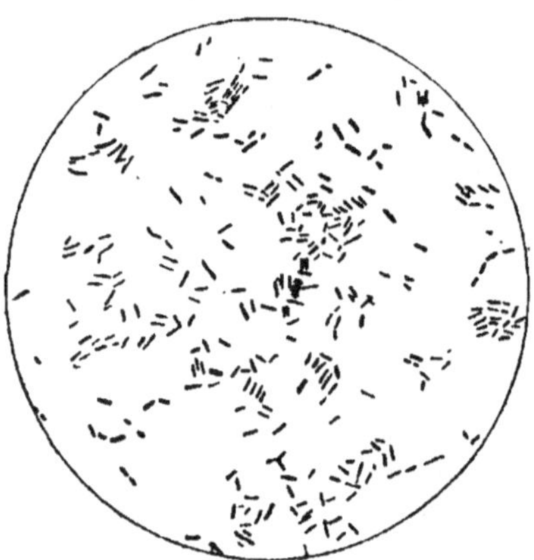

Fig. 27. — Ferment mannitique.

algérienne, je fus chargé d'élucider cette question. Le résultat de mes recherches se trouve consigné dans le rapport que j'ai présenté à cette époque à **M**. le Ministre de l'agriculture.

Voici les points principaux mis en lumière dans ce rapport (1) :

Le ferment alcoolique attaque plus rapidement le glucose ; lorsqu'il est déprimé par la chaleur, la décomposition du lévulose est encore plus lente. Par conséquent, le lévulose reste en plus grande quantité dans les fermentations paresseuses et incomplètes.

Le ferment mannitique montre une affinité particulière pour le lévulose et forme en grande partie la mannite aux dépens de ce sucre. Or, les raisins algériens sont généralement plus riches en lévulose qu'en glucose : ils constituent un milieu favorable au développement du petit ferment mannitique qui se présente en bâtonnets courts et minces, immobiles, groupés en colonies ou amas assez difficiles à désagréger lorsqu'ils sont vieux.

On se trouve en présence d'une *fermentation par hydrogénation* donnant un acide fixe : l'acide lactique et un acide volatil, l'acide acétique, ce dernier en proportion sensiblement plus forte.

Et nous indiquions les moyens suivants pour obtenir des vins exempts de mannite :

« Le meilleur moyen d'éviter la formation de la mannite, c'est de réaliser une fermentation alcoolique parfaite.

» Pour atteindre ce résultat il faut :

» 1 Ne pas vendanger des raisins trop mûrs ou ajouter à la cuve une quantité suffisante d'acide tartrique — mieux encore, des grappillons verts, — afin que l'acidité totale représente au moins 8 à 9 grammes par litre.

» 2° Ajouter à la cuve une quantité suffisante de levures elliptiques sélectionnées appartenant aux bons crus du pays.

---

(1) Voir : P. GUICHARD. — *Microbiologie, ferments et fermentation*. Baillière et fils, éditeurs.

» 3° Aérer le moût aussitôt après la mise en cuve et une seconde fois dès que la fermentation se ralentit.

» 4° Maintenir autant que possible la température de la cuve entre 24 et 30° centigrades ».

MM. Gayon et Dubourg ont magistralement confirmé ces données fondamentales et publié à diverses reprises de très remarquables travaux, dans les Annales de l'Institut Pasteur, sur la fermentation mannitique.

Les palais les moins exercés reconnaissent avec facilité un vin franchement altéré ; mais les simples menaces, les premières manifestations de la maladie échappent souvent aux dégustateurs les plus habiles, parce que beaucoup de ferments, comme celui de la tourne, par exemple, apparaissent bien avant que le mal ne soit perceptible au goût. L'examen microscopique supplée à l'imperfection des sens. Le dosage des acides volatils fournit également des indications utiles.

La casse. — La casse est une maladie qui provoque le trouble et la décoloration des vins nouveaux dès qu'ils sont au contact de l'air.

On distingue deux sortes de casse : la *casse bleue*, qui affecte surtout le pigment bleu, mais dont l'action est limitée et ne modifie pas sensiblement les propriétés organoleptiques du liquide, et la *casse brune*, qui au contraire rend le vin brun-jaunâtre, trouble, désagréable au goût.

Ces deux actions, d'importance si différente, sont dues à l'existence d'un principe diastasique d'origine cellulaire, appelé *oxydase*, qui fixe l'oxygène de l'air sur les éléments du vin et les insolubilise les uns après les autres, suivant leur degré d'oxydabilité.

La pulpe du raisin est une première source d'oxygène, et il semble bien que le greffage sur cépages américains a développé cette fâcheuse propriété ; il y a donc de

l'oxygène dans tous les vins nouveaux, mais en proportions variables, suivant le cépage et les conditions dans
lesquelles s'est faite la maturation. En général, elle ne
s'y trouve qu'a l'état de traces et son action est épuisée
après les premiers soutirages. Si elle persiste, on la rend
impuissante en ajoutant au vin un peu d'acide tartrique,
et mieux encore un peu d'acide citrique, ainsi que nous
l'avons indiqué il y a plus de 15 ans. L'acide citrique
avive la couleur et lui donne une plus grande fixité.

L'*oxydase* est plus abondante dans les vins provenant
de vendanges moisies. C'est ainsi que les vins 1900 et 1901
ont été particulièrement atteints par la casse. Le ferment
soluble est sécrété par la moisissure qui se développe
sur les raisins dans les milieux humides, le *Botrytis
cinerea*, ainsi que l'a démontré M. Laborde.

L'addition d'acide est insuffisante pour guérir la *casse
brune*. On combat celle-ci par la pasteurisation ou par
l'acide sulfureux qui paralysent l'action de l'oxydase. On
incorpore au vin 4 à 6 grammes de gaz sulfureux par
hectolitre et parfois davantage, suivant l'intensité du
mal. La dose de 5 grammes est une bonne moyenne : elle
représente 10 grammes environ de métabisulfite de
potasse ou la combustion de 2 gr. 5 de soufre candi.

Au point de vue de la simplicité du traitement,
l'emploi du métabisulfite, d'une solution alcoolique
d'acide sulfureux ou d'acide sulfureux liquide sont à
recommander.

L'acide sulfureux est très soluble dans l'eau, qui en
dissout près de 50 fois son volume à 15° ; mais il est
encore plus soluble dans l'alcool qui en dissout 144 fois
son volume.

Traitement des vins malades. — Toutes les maladies
que nous venons de décrire cèdent au même traitement.

On sait que le chauffage stérilise les liquides en détruisant tous les germes vivants qu'ils renferment. La *pasteurisation* est basée sur ce principe. Le vin constituant un milieu acide, il suffit de le soumettre pendant quelques secondes à une température de 60° centigrades pour supprimer tous les parasites microbiens. Pour détruire l'oxydase, il faut élever la température jusqu'à 65-70°.

Les efforts des divers constructeurs ont abouti à la création d'un matériel répondant à toutes les exigences de la pasteurisation. C'est ainsi que cette méthode, due à Pasteur, tend à se généraliser de plus en plus.

On effectue la pasteurisation sur les vins en fûts ou en bouteilles ; cette dernière donne les meilleurs résultats, car elle évite tout contact de l'air, du métal et, de plus, la stérilité reste définitivement acquise. Cependant, la pasteurisation en fûts réussit très bien lorsqu'elle remplit les conditions suivantes :

1° L'effectuer dans un bon appareil ne donnant aucun goût de métal, chauffant le vin d'une manière uniforme avec une température bien réglée et le moins d'écart possible entre les températures d'entrée et de sortie. Parmi les meilleurs pasteurisateurs, nous citerons les modèles de Frantz Malvezin, à Caudéran ; Egrot et Grangé (Houdart), à Paris ; Deroy, à Paris ; P. Privat, à Toulouse ; J. Pommier, à Marseille.

2° Effectuer le traitement avant que le vin ne soit sensiblement atteint.

3° Chauffer les vins limpides en leur évitant soigneusement le contact de l'air avant et après le chauffage.

4° Les introduire dans des récipients absolument stérilisés par un rinçage à l'aide d'une solution de carbonate de soude à 6 o/o, suivi d'un étuvage à la vapeur.

Les appareils de chauffage sont assez coûteux ; mais

des entrepreneurs ou des syndicats peuvent aisément
les mettre à la disposition des viticulteurs moyennant
une faible redevance.

On reproche parfois au chauffage de donner un goût
de cuit. Ce goût de cuit, lorsqu'il se produit, n'est pas
dû à la chaleur elle-même, mais à une oxydation brutale
qui peut se produire sous l'action de la chaleur si le vin,
trop aéré, renferme de l'oxygène, ou bien s'il sort de
l'appareil à une température élevée. On évite cet inconvénient par des manipulations appropriées et en recevant
le vin en fût méché au moyen d'un tuyau plongeur arri-
vant au fond de la futaille.

La pasteurisation est le meilleur procédé de stérilisation absolue. Nous pouvons ranger parmi les procédés
de stérilisation relative : *conservation en cave froide,
soutirages, ouillages, collages* et même l'augmentation
de la résistance du vin par une addition modérée d'alcool (*vinage*) ou par des *coupages judicieux*.

Le froid ralentit la vitalité des germes et s'oppose
même à leur développement, tandis que les soutirages
et collages en éliminent la plus grande partie. L'ouillage,
en maintenant les fûts pleins, met la surface du liquide
à l'abri du contact de l'air et le garantit, conséquemment, dans une large mesure, de la casse et des *mycoderma vini* et *aceti*.

La *filtration* est également un excellent moyen de
stérilisation, car elle clarifie le vin et le sépare mécani-
quement d'une notable proportion des germes. Le mode
d'emploi du filtre — pression, débit et surtout état de
colmatage de la surface filtrante — est un facteur d'une
haute importance sur le résultat de l'opération.

Les modèles de filtres sont extrêmement nombreux :
nous citerons ceux de Privat, à Toulouse ; Pommier, à
Marseille ; Combet, à Cazouls ; Simoneton, à Mirepoix ;
Benoit, à Béziers ; etc.

Additions licites aux moûts. — Un moût bien constitué donnera toujours un excellent vin sans aucun produit et par la seule direction donnée à la fermentation. Nous n'admettons, dans ce cas, que l'addition de levains provenant de levures sélectionnées. L'Institut La Claire, dirigé par M. Jacquemin (*Matzéville*), met à la disposition des viticulteurs des levures sélectionnées des meilleurs crus.

Nous avons indiqué précédemment l'intérêt que présentait la modification du moût, dans certains cas, par addition d'acide ou de sucre.

Le phosphate d'ammoniaque est un sel nutritif destiné à donner plus d'énergie à la levure. Il peut rendre des services pour faciliter la fermentation plus rapide et complète des moûts provenant de raisins avariés ou trop aqueux. Une légère addition de *phosphate d'ammoniaque* (1) ou de *sels nutritifs Sébastian* préparés par Salle, rue Elzévir, à Paris, est particulièrement recommandable pour les vendanges aqueuses, pour la préparation des vins sucrés et surtout des vins de seconde cuvée.

Mauvais goût. — Sauf l'*évent* et le *pourri*, généralement dus à l'action du *mycoderma vini* ou fleurs du vin et des moisissures, les mauvais goûts proviennent le plus souvent des négligences dans la propreté du matériel et de l'outillage vinaires, qui ont pour effet d'altérer la saveur du vin.

La macération trop longue du marc dans le vin donne, à la vérité, un produit plus coloré, plus corsé, mais souvent aussi empreint d'une astringence, d'une dureté telles qu'il ne peut être consommé qu'après huit ou dix mois de cuve. On évite ces goûts de marc par l'égrappage

____

(1) S'adresser à M. *Charles Bardou*, pharmacien à Béziers, représentant de la maison Chenal-Douillet et Cie, de Paris.

total ou partiel de la vendange ou bien par le soutirage dès que la fermentation tumultueuse est terminée.

Il est assez difficile de fixer une règle précise au sujet de l'instant favorable à ce soutirage. D'une façon générale, les viticulteurs méridionaux tendent à l'abréger outre mesure. Lorsque les vendanges sont saines, il est utile, à notre avis, de laisser évoluer la fermentation au contact du marc, ce qui revient à dire qu'on ne doit soutirer qu'après décomposition de tout le sucre, sans attendre cependant le complet refroidissement du vin. La durée de la fermentation pour les beaux vins peut être d'une huitaine de jours environ, et pour les vins légers, de 5 à 6 jours.

Les vins rouges ou blancs émettent quelquefois une odeur d'œufs pourris due à la présence de l'acide sulfhydrique ou hydrogène sulfuré, qui peut avoir pour origine le soufre déposé sur les raisins, le méchage des futailles, le soufrage des moûts, l'addition des bisulfites ou de l'acide sulfureux. Le noir animal brut renfermant des sulfures provoque un dégagement de gaz sulfhydrique sous l'influence des acides du vin. Or, ce gaz étant trois fois plus soluble que l'acide carbonique, on conçoit que le vin puisse en retenir assez abondamment et, par réaction sur l'alcool, former des éthers à odeur infecte et à goût alliacé (éthers éthylsulfhydriques).

Pour éviter ces accidents, il faut éviter d'introduire dans la cuve des raisins soufrés ; soutirer aussitôt la fermentation terminée et ne pas laisser le vin sur lies.

Plusieurs traitements sont indiqués pour guérir les vins à odeur d'œufs pourris. L'addition d'acide sulfureux, déterminée au préalable sur un échantillon, amène la formation d'un produit de transition, l'acide pentathionique, qui disparaît en laissant un dépôt de soufre à la place de l'acide sulfureux et de l'acide sulfhydrique.

Peu après l'intervention de l'acide sulfureux, on colle ou on filtre pour séparer du vin le soufre précipité que certains microbes pourraient réduire, ce qui donnerait encore à nouveau de l'acide sulfhydrique.

On peut aussi guérir le vin en le faisant ruisseler lentement en large nappe sur des plaques de *cuivre rouge* qui noircit par suite de la formation d'un sulfure de cuivre insoluble. Nettoyer ces plaques noires avec du papier émeri. Quelquefois, lorsque le mal n'est pas grand, un seul soutirage avec aération suffit.

Les goûts d'évent, de résine, de bois, de moisi, etc., dus à des huiles essentielles sécrétées par des moisissures, peuvent se guérir en traitant le vin par un mélange de 200 à 500 grammes de bonne huile d'olive par hectolitre battue à plusieurs reprises. Cette huile s'empare de la matière odorante contenue dans le vin altéré ainsi que du bouquet. On sépare l'huile lorsqu'elle est remontée à la surface. Ce traitement est assez onéreux et il ne donne pas toujours des résultats suffisants.

La farine de moutarde fraîche, employée à la dose de 30 à 40 grammes par hectolitre, énergiquement brassée avec le vin, donne de meilleurs résultats, quoique souvent médiocres. Les hygiénistes semblent vouloir proscrire ce mode de traitement pour des raisons dont le bien fondé est assez difficile à saisir (?).

Sous le nom de goût de terroir, les vignerons désignent bon nombre de goûts de *cuve* contractés par un trop long séjour du vin sur les rafles, ou bien dérivant de vendanges terreuses ou de l'emploi d'une vaisselle vinaire avariée.

En apportant des soins rationnels à la vendange, à la vinification, à l'entretien du matériel vinaire et à la conservation du vin, on prévient tous ces accidents. Prévenir vaut infiniment mieux que guérir, d'autant plus que la plupart des maladies ont pour résultat de détruire la composition normale du vin et de remplacer certains produits par d'autres qu'il est impossible d'extraire pratiquement.

Extrait de la Loi du 28 janvier 1903

RELATIVE AU RÉGIME DES SUCRES

ART. 1ᵉʳ. — A partir du 1ᵉʳ septembre 1903, les droits sur les sucres de toute origine livrés à la consommation sont ramenés aux taux ci-après fixés, décimes compris :

Sucres bruts et raffinés, vingt-cinq francs (25 fr.) par 100 kilogrammes de sucre raffiné ;

Sucres candis, vingt six francs soixante-quinze centimes (26 fr. 75) par 100 kilogrammes de poids effectif.

A partir de la même date, le droit de fabrication de 1 franc par 100 kilogrammes, institué par l'article 4 de la loi du 7 avril 1897, est supprimé ; le droit de raffinage établi par ledit article 4 est ramené de quatre francs à deux francs (2 fr.).

Est autorisée, pour l'emploi aux usages agricoles, dans les conditions qui auront été déterminées par décrets, l'expédition en franchise de mélasses épuisées n'ayant pas plus de cinquante pour cent (50 p. 100) de richesse saccharine absolue.

. . . .

ART. 7. — Quiconque voudra ajouter du sucre à la vendange est tenu d'en faire la déclaration, trois jours au moins à l'avance, à la recette buraliste des contributions indirectes. La quantité de sucre ajoutée ne pourra pas être supérieure à dix kilogrammes (10 kil.) par trois hectolitres de vendanges.

Quiconque voudra se livrer à la fabrication du vin de sucre pour sa consommation familiale est tenu d'en faire la déclaration dans le même délai. La quantité de sucre employée ne pourra pas être supérieure à quarante kilogrammes (40 kil.) par membre de famille et par domestique attaché à la personne, ni à quarante kilogrammes (40 kil.) par trois hectolitres de vendanges récoltées.

Toute personne qui, en même temps que des vendanges, moûts ou marcs de raisins, désire avoir en sa possession une quantité de sucre supérieure à 50 kilogrammes, est tenue d'en faire préalablement la déclaration et de fournir des justifications d'emploi.

Le service des contributions indirectes est chargé de contrôler l'exactitude des déclarations faites en exécution des dispositions ci-dessus.

Des règlements d'administration publique détermineront les conditions d'application du présent article.

Les contraventions aux dispositions qui précèdent et aux règlements qui seront rendus pour leur exécution sont punies des peines édictées par l'article 4 de la loi du 6 avril 1897. Ces peines sont doublées dans le cas de fabrication, de circulation ou de détention de vins de sucre en vue de la vente. S'il y a récidive, les contrevenants encourent, indépendamment de l'amende, une peine d'emprisonnement de six jours à six mois.

Les mêmes peines sont applicables aux complices des contrevenants.

TABLE DES MATIÈRES

Montpellier. — Imp. Serre et Roumégous, rue Vieille-Intendance

APPERT · A · aPARIS

APPERT · Æ · à PARIS
L'ŒNOTANNIN
Fortifie et améliore tous les vins
Il les maintient
solides
et de bon goût
Il les rend plus
tôt marchands et
facilite les collages
APPERT
INVENTEUR DES CONSERVES ALIMENTAIRES
MAISON FONDÉE EN 1812
AUX EXPOSITIONS INTERNATIONALES
ŒNOTANNIN
POUR VINS ROUGES
Poids Net : 1 Kilog
POUR ÉVITER LES CONTREFAÇONS EXIGER
L'ŒNOTANNIN déposé
CLARIFIANTS
LIQUIDES
et en POUDRE
DE Ire QUALITÉ
Envoi franco sur demande du Prix-Courant général
A. CHEVALLIER-APPERT ✻, 30 à 24, r. de la Mare
PARIS (XXe)
APPERT · Æ · à PARIS
APPERT · PARIS

Nouveau Traité
de Mécanique agricole

Par L. FONTAINE
Professeur à l'Ecole d'agriculture des Faurelles

L'ouvrage complet forme un beau volume in-8, illustré de 650 figures dans le texte, et comprend six fascicules livrés dans un emboîtage.

Le fascicule 1ᵉʳ : **Les Moteurs et les machines motrices employées en agriculture,** est vendu seulement avec l'ouvrage complet.

Prix de l'ouvrage complet, **14** fr. Franco, **15** fr.

L'auteur, procédant d'abord à une étude générale des moteurs et des machines, s'attache ensuite à traiter des conditions de leur installation dans les exploitations agricoles et, pour faciliter la tâche des propriétaires, il donne des calculs accessibles à tous et multiplie les exemples les plus appropriés aux différentes situations qui peuvent se présenter pour une installation dans une propriété.

Le but visé et atteint est non seulement de dégager nettement la théorie de chaque moteur et de chaque machine, mais encore et surtout, de donner aux élèves des écoles d'agriculture et aux agriculteurs les notions de pratique indispensables pour l'emploi des machines. Ajoutons que l'ouvrage est magnifiquement illustré de plus de 650 gravures.

Les fascicules suivants sont vendus séparément :

— **II. Les Machines à vapeur employées en agriculture.** 1 vol in-8, avec 195 fig. dans le texte. 1900. Prix, 3 fr. 50; franco. 3 fr. 85

— **III. Les Moteurs à gaz employés en agriculture.** Moteurs à air chaud, à gaz d'éclairage, à gaz pauvre, à pétrole. Thermo-dynamique. Essai des machines thermiques. 1 vol. in-8, avec 76 figures dans le texte. 1900. Prix, 2 fr. ; franco...... 2 fr. 25

— **IV. Les Moteurs à vent.** Les vents. Les moulins à vent et leur classification : moulins à ailes et à roues ; turbines atmosphériques. Installation des moulins à vent. 1 vol. in-8, avec 57 fig. dans le texte. 1900. Prix, 1 fr. 25 ; franco... .... 1 fr. 50

Les moulins à vent, qui ont conquis une si grande importance en Amérique, sont décrits minutieusement au point de vue historique, ainsi que les types actuels les plus nouveaux, avec leurs différentes applications.

— **V. Hydraulique agricole et moteurs hydrauliques.** 1 vol. in-8, avec 80 figures dans le texte. 1900. Prix, 2 fr. 50; franco 2 fr. 75

L'hydrostatique et l'hydrodynamique sont traitées dans toute leur étendue, renfermant une foule de problèmes résolus qui sont autant d'exemples pratiques. Les moteurs hydrauliques, tels que roues, turbines, servant à utiliser la puissance des chutes d'eau, sont décrits d'une façon remarquable.

— **VI. L'Electricité et les moteurs électriques en agriculture.** Notions générales, moteurs électriques, application de l'électricité en agriculture. 1 vol. in-8, avec 147 figures dans le texte. 1900. Prix, 2 fr. 50 ; franco........................... 2 fr. 75

L'électricité est une force que l'agriculture, plus que toute autre industrie, doit mettre à exécution. L'exposé des notions générales que l'on trouvera dans l'ouvrage de M. Fontaine permettra au lecteur de se familiariser avec les moteurs électriques. Ces derniers sont décrits avec clarté, ainsi que les grandes applications de l'électricité qui ont été faites jusqu'ici en agriculture.

20ᵉ Année   1903

LE

Progrès Agricole

ET VITICOLE

REVUE D'AGRICULTURE ET DE VITICULTURE

DIRIGÉ PAR **L. DEGRULLY**

Professeur à l'Ecole nationale d'agriculture de Montpellier
Propriétaire-Viticulteur

Avec le concours de MM. les Professeurs de l'École d'Agriculture de Montpellier
de Présidents de Sociétés agricoles, de Professeurs départementaux d'agriculture
et d'un grand nombre d'agriculteurs et de viticulteurs

Le **Progrès Agricole** paraît tous les dimanches en un fascicule cousu et rogné de 28 à 32 pages in-8° raisin et forme, par an, 2 volumes de 800 pages environ chacun.

Le **Progrès agricole** répond *gratuitement* à toutes les demandes de renseignements de ses lecteurs. — Il fait *gratuitement* les dosages de calcaire dans les terres, l'examen des vins malades, la détermination des maladies et insectes, etc.

Le **Progrès agricole** donne en prime chaque année, à ses lecteurs, des gravures coloriées et des planches en phototypie sur des sujets d'actualité.

Exposition Universelle de Paris 1900 : MÉDAILLE D'OR

PRIX DE L'ABONNEMENT

France : Un an, **12** fr. — Recouvré à domicile, **12** fr. **50**
Pays de l'Union postale : Un an, **15** fr.

BUREAUX : Rue Albisson, 1 — MONTPELLIER

On s'abonne en adressant un mandat poste de **12** ou **15** fr.
à **MM. COULET** ET **FILS**, libraires de l'Ecole nationale d'agriculture,
Grand'Rue, 5, MONTPELLIER